Melanie Ebert

Leadership ohne Leine

Was Führungskräfte von Hunden lernen können

Springer

Melanie Ebert
Willersdorf, Bayern, Deutschland

ISBN 978-3-658-33609-7   ISBN 978-3-658-33610-3   (eBook)
https://doi.org/10.1007/978-3-658-33610-3

Die Deutsche Nationalbibliothek verzeichnet diese Publikation in der Deutschen Nationalbibliografie;
detaillierte bibliografische Daten sind im Internet über http://dnb.d-nb.de abrufbar.

Planung/Lektorat: Manuela Eckstein
Springer ist ein Imprint der eingetragenen Gesellschaft Springer Fachmedien Wiesbaden GmbH und ist
ein Teil von Springer Nature.
Die Anschrift der Gesellschaft ist: Abraham-Lincoln-Str. 46, 65189 Wiesbaden, Germany

Ein besonderer Dank

Dass ich dieses Buch schreiben konnte, verdanke ich unter anderem meinen treuen Begleitern, denen ich dieses Buch widmen möchte: Besonderer Dank gilt meinem Mann, der seit 1995 an meiner Seite ist und mit mir sämtliche Höhen und Tiefen durchlebt hat. Großen Dank an meine Herzenshündin Mira, die mich kennt wie niemand sonst und mir so sehr dabei geholfen hat, mich selbst und mein Verhalten besser zu verstehen. Lieben Dank an meinen Sonnenschein Maggy, der immer Freude in mein Leben bringt und Menschen verzaubert.

Inhalt

Ein besonderer Dank   V

Inhalt   VII

Über die Autorin   XI

1   **Mensch und Hund – ein Dream Team auf sechs Beinen**   1
    Literatur   7

2   **Wie ich auf den Hund gekommen bin – und was du
daraus lernen kannst**   9

3   **Führung und Leadership – wie führst du?**   17
    3.1   Vom Kollegen zur Führungskraft – den
           Seitenwechsel rocken   18
    3.2   Teamwork ist Dreamwork – Kollaboration statt
           Konkurrenz   20
    3.3   Führungskraft und Führungspersönlichkeit – vom
           Dompteur zum Animateur   23

| | 3.3.1 | Alles auf agil – der Führungsstil der Zukunft? | 26 |

3.3.1   Alles auf agil – der Führungsstil der Zukunft?   26
3.3.2   Was steht an? – Aufgaben einer
        Führungspersönlichkeit   28
3.3.3   In Balance – Leadership braucht Selbstführung   32
3.3.4   Rundum fit – gesunde (Selbst-)Führung   35
3.4   Führungsstil – kurze Leine, lange Leine, ohne Leine   37
3.4.1   Eine Frage des Vertrauens   37
3.4.2   Wie lässt sich (Selbst-)Vertrauen in
        Unternehmen aufbauen?   43
3.5   Führung auf Distanz – ist Homeoffice the
      New Normal?   45
3.6   Frauen in Führung – Gender Balance erfordert neues
      Denken!   50
3.7   Wenn der Mitarbeiter bellt   52
Literatur   53

4   Nehmt den Maulkorb ab! – Kommunikation beginnt
    im Kopf   55
4.1   Ein Blick hinter den Maulkorb – Vorurteile loswerden   59
4.2   „Hundeln" oder „menscheln"? – Guter Umgang will
      gelernt sein   63
4.2.1   Emotionen sind nicht nur was für Weicheier   63
4.2.2   Empathie – eine unterschätzte
        Führungsqualität   68
4.2.3   In Gesichtern lesen – was die Mimik über
        unsere Emotionen verrät   71
4.2.4   Motivation – mehr als die Karotte vor
        der Nase   79
4.2.5   Kalte Schnauze und Menschlichkeit – Nähe
        wärmt besser als jede Heizung   82
4.2.6   Pfoten weg von meinem Knochen – Grenzen
        setzen   84
4.2.7   Wenn's mal teuflisch wird – Konflikte
        konstruktiv lösen   87
4.2.8   Pfoten hoch – wertschätzend Feedback geben   88

	4.2.9	Schlappohren auf und aufgepasst – Zuhören ist mehr als Schnauze halten	93
4.3		Bellst du noch oder kommunizierst du schon?	98
	4.3.1	Kommunikationshemmer – so wirst du die verbale Maulsperre los	98
	4.3.2	Vier Schlappohren für alle Fälle – das Kommunikationsmodell von Schulz von Thun	100
	4.3.3	Produktiver Austausch – so bringen Meetings Mehrwert	103
4.4		Mitarbeitergespräche – Spaß statt Muss	105
Literatur			110
5		**Der WAU-Effekt**	**113**
5.1		Wertschätzung – Erfolgsfaktor Menschlichkeit	115
	5.1.1	Werte im Unternehmen – absolut wertvoll	118
	5.1.2	Gemeinsam erfolgreich – Wertschöpfung durch Wertschätzung	121
	5.1.3	Freude gehört ins Büro – und Vierbeiner ebenso	126
	5.1.4	Dankbarkeit und Demut	129
	5.1.5	Bettelst du schon?	131
5.2		Achtsamkeit – mindful or full in mind?	132
	5.2.1	Bis hierhin und nicht weiter – wenn der Körper Signale sendet	135
	5.2.2	Zwischen gestern und morgen – im Hier und Jetzt sein	137
	5.2.3	Gelassenheit auf der Bühne deines Lebens – in der Ruhe liegt die Kraft	144
	5.2.4	Full in mind – zehn Ideen für mehr Bewusstheit im Alltag	147
5.3		Umdenken und Mindset – Erfolg entsteht zwischen den Ohren	148
	5.3.1	Veränderung kann anstrengend sein – doch sie lohnt sich!	152

5.3.2   Negative Glaubenssätze – die Gitterstäbe
in deinem Kopf   157
5.3.3   Dranbleiben leichtgemacht – Erfolgsfaktor
Disziplin   162
5.3.4   Kraftquelle Kopf – die Macht der Gedanken   166
5.3.5   Resilienz – schachmatt oder
Stehaufmännchen?   171
Literatur   175

6   Knackpunkt Unternehmenskultur – kommst du
mit nach New Work?   177
6.1   Von einer Unternehmenskultur zur Glückskultur   181
6.2   Suche Leistung, biete Sinn – die Frage nach dem
„Warum"   190
6.3   Das Navi in deinem Kopf – ein „Warum" braucht
Ziele   198
Literatur   204

7   Deine Pfotenabdrücke (dein Umsetzungsplan)   207

Über die Autorin

(Mit freundlicher Genehmigung von © Lisa Doneff – Fotografie 2021. All Rights Reserved)

Melanie Ebert ist Expertin für Unternehmenskultur und unterstützt zusammen mit den Leadership Dogs® Führungskräfte, damit diese von Dompteuren zu Animateuren werden und sich Mitarbeiter zu Mitdenkern entwickeln können. Ihre langjährige Führungserfahrung im internationalen Vertrieb hat sie geprägt und sie setzt dieses Wissen in ihrer Arbeit ein.

Ihre Passion ist es, gemeinsam mit ihren Hunden mehr Menschlichkeit in Unternehmen zu bringen, damit alle mit Spaß und Herzblut dabei sind und der Erfolg automatisch folgt. Sie ist überzeugt, dass Unternehmenserfolg nur funktioniert, wenn nicht bei Zahlen, Daten und Fakten begonnen wird, sondern bei den Menschen, die auf die Reise mitgenommen werden. Sie stapeln nicht hoch, sie schürfen tief. Sie wühlen Staub auf, hinterlassen jedoch keine verbrannte Erde. Sie säen neu, damit alle ernten können.

Gemeinsam mit ihren Hunden gibt sie darüber hinaus Seminare, steht mit ihnen auf der Bühne, bildet Coaches in der Leadership Dogs® Academy aus, setzt sich für Office Dogs ein. Speziell für dieses Buch hat sie einen Workshop entwickelt und ist gespannt, was sie noch alles erwartet. Spaß steht für sie ab jetzt an erster Stelle!

Sie arbeitet auch ohne Hund oder gibt Online-Sessions, doch mit Hund macht es einfach mehr Spaß!

1

Mensch und Hund – ein Dream Team auf sechs Beinen

Zusammenfassung

Hunde bereichern unser Leben: als Familienmitglieder, Assistenzhunde, Lebensretter, Office Dogs und vieles mehr. Außerdem können wir viel von den cleveren Vierbeinern lernen. In diesem einleitenden Kapitel geht es um die zahlreichen Einsatzgebiete für die „Helden auf vier Pfoten" und die enge Beziehung zwischen Mensch und Hund. Weiterhin gibt es eine „Gebrauchsanweisung to go" für die Lektüre: Wie ist das Buch aufgebaut? An wen richtet es sich? Wie kannst du damit arbeiten? Was darfst du dir davon erwarten? Kleiner Spoiler: Der WAU-Effekt ist garantiert.

Die enge Beziehung von Mensch und Hund besteht seit Jahrtausenden. Sie hat beide Seiten maßgeblich geprägt. Die Einsatzgebiete von Hunden sind so vielfältig wie die keiner anderen Tierart:

- Sie werden – wie früher – als Wächter oder Jagdhunde gehalten.
- Als Lebensretter kommen sie bei der Suche nach verschwundenen, ertrunkenen oder verschütteten Personen zum Einsatz. Ob im Wasser, zu Lande, in den Trümmern nach Erdbeben oder bei Lawinenabgängen folgen die Spezialisten ihrer feinen Spürnase.

© Der/die Autor(en), exklusiv lizenziert durch Springer Fachmedien Wiesbaden GmbH, ein Teil von Springer Nature 2021
M. Ebert, *Leadership ohne Leine*, https://doi.org/10.1007/978-3-658-33610-3_1

- Dank ihrer feinen Nase werden sie – etwa bei der Polizei, beim Militär oder beim Zoll – als Spür- und Schutzhunde für Sprengstoff, Minen sowie Drogen eingesetzt.
- Auch bei der Erkennung von Krankheiten können speziell geschulte Assistenzhunde helfen, beispielsweise bei der Krebsfrüherkennung, bei Diabetikern und Epilepsie-Patienten[1].
- Als Blindenhunde führen sie Menschen durchs Leben. Körperlich eingeschränkten Menschen assistieren sie im Alltag.
- Sie können bei der Therapie psychisch kranker Menschen eingesetzt werden und demenzkranken Menschen unbeschwerte Momente bereiten. Mittlerweile gibt es sogar psychosomatische Kliniken mit tierbegleiteter Therapie.
- Ein weiteres Einsatzgebiet finden sie im Hospiz. Hier schenken sie Erwachsenen und Kindern ihre uneingeschränkte Nähe und nehmen so Ängste. Selbst in Altersheimen blühen viele Menschen auf, wenn ein Besuchshund kommt.
- Lesehunde werden in Schulen als Zuhörer für Kinder eingesetzt, die sich beim Lesen schwertun. Weil sie keine Angst haben müssen, kritisiert zu werden, verlieren sie dadurch nach und nach ihre Hemmungen und verbessern ihre Lesekompetenz.
- Als Office Dogs sorgen sie für ein besseres Betriebsklima, weniger Stress, verbesserte Kommunikation und höhere Arbeitgeberattraktivität.

> „Hunde haben alle guten Eigenschaften des Menschen, ohne gleichzeitig seine Fehler zu besitzen." Friedrich II. (aphorismen.de o. J.)

Wie Hunde unser Leben bereichern
Für viele Menschen sind Hunde Sozialpartner, echte Gefährten und Familienmitglieder. Schließlich begleiten sie uns oft jahrelang in unserem Alltag. Beim Streicheln von Hunden wird übrigens das

---

[1]Ich spreche in diesem Buch alle Geschlechter gleichermaßen an. Aus Gründen der Lesefreundlichkeit habe ich mich entschieden, die im Deutschen derzeit übliche männliche Form anzuwenden, also etwa von „Mitarbeitern" zu sprechen, wenn ich „Mitarbeiter*innen" meine.

sogenannte „Kuschelhormon" Oxytocin ausgeschüttet. Ganz nebenbei sind Hunde unschlagbare Kontaktstifter und Brückenbauer. So schnell wie mit einem Welpen oder einem aufgeschlossenen Hund findet man sonst keinen Kontakt zu seinen Mitmenschen – und ein Flirt ist beinahe garantiert! Da Hunde Auslauf und regelmäßiges Gassigehen brauchen, fördern sie die Gesundheit ihrer Besitzer, denn sie bleiben dadurch aktiv, bekommen den Kopf frei und bauen beim Laufen in der Natur nachweislich Stress ab.

Kurzum: Die Wirkung von Hunden ist erstaunlich. Zugleich können wir eine Menge von ihnen lernen – sowohl für unser Privatleben als auch für den Arbeitsalltag. Das erlebe ich seit Jahren in meinen tiergestützten Seminaren und Workshops. Was Führungskräfte von Hunden lernen können? Das Bellen sicherlich nicht, das können die meisten bereits.

Meine zwei vierbeinigen Co-Trainer, die Leadership Dogs® Mira und Maggy, helfen Unternehmern und Managern dabei, klarer zu kommunizieren, zielgerichteter zu handeln, ihre Wirkung zu verbessern und sich und andere wertschätzender zu führen. Wir unterstützen Führungskräfte, damit sie von Dompteuren (Führungskräften) zu Animateuren (Führungspersönlichkeiten) werden.

Die Co-Trainer mit der kalten Schnauze sind keineswegs kaltschnäuzig. Sie verfolgen keine besondere Strategie im Umgang mit Menschen, sie kritisieren nicht, sondern reagieren auf das menschliche Verhalten in einer konkreten Situation. So geben sie wertfreies Feedback. Dadurch haben wir die Chance, unser (oft unbewusstes) Verhalten ins Bewusstsein zu holen und bei Bedarf zu ändern – und das ganz ohne emotionalen Widerstand. Der WAU-Effekt ist garantiert!

Aus dem, was uns von Hunden gespiegelt wird, können wir für unseren beruflichen und privaten Alltag lernen. Meine Erfahrung zeigt: Ich bin mit einem Hund als Co-Trainer viel schneller am entscheidenden Punkt und somit effektiver als bei normalem Coaching. Einen effizienteren Lerntransfer gibt es kaum, denn die Erlebnisse mit Hunden sprechen uns emotional an. Dank dieser Erfahrung können wir neue Landkarten im Gehirn anlegen, die unser Verhalten positiv verändern können. Lernen vom Hund ist Lernen ohne Lehrplan – und ohne Prüfung. Es ist Lernen, das Spaß macht und an das eigene Tempo

angepasst ist. Coaching mit den Leadership Dogs® ist deshalb ein Katalysator für die Persönlichkeits- und Kompetenzentwicklung. Lernen mit
Herz, Hirn und Hund!

Was du aus der Lektüre mitnehmen kannst[2]

Damit du weißt, wer ich bin und weshalb ich dieses Buch schreibe,
findest du in Kap. 2 einen kurzen Abriss meiner persönlichen
Geschichte. Führung und Leadership ist das Thema, dem sich Kap. 3
widmet. Unter anderem findest du Antworten auf die folgenden Fragen:
Was bedeutet es, als Führungspersönlichkeit Verantwortung für die
Mitarbeiter und für sich selbst zu übernehmen? Wodurch zeichnet sich
eine Führungspersönlichkeit im Vergleich zur Führungskraft aus – und
wie wirst du vom Manager zum Leader? Wie steht es um die Fehlerkultur (Lernkultur) in deinem Unternehmen? Wie sieht die Führung
der Zukunft aus? Welcher Führungsstil ist der vielversprechendste:
kurze Leine, lange Leine, ohne Leine? Die Arbeit im Homeoffice stellt
viele Menschen vor neue Herausforderungen, deshalb findest du hier
ebenfalls ausführliche Infos zum Remote Working. Daneben enthält das
Kapitel viele weitere Anregungen und Hintergrundinformationen rund
um Leadership.

Gute Kommunikation ist das A und O für ein gelungenes Miteinander. Wie das gelingt, erfährst du in Kap. 4: klare Worte, anstatt
um den heißen Brei herumzureden. Nehmt den Maulkorb ab! Was in
Corona-Zeiten manchmal schwierig ist: zusätzliche Informationen
über die Mimik auszudrücken und zu erhalten. Wann immer sich die
Gelegenheit bietet, lohnt es sich, dem Gesichtsausdruck des Gegenübers Aufmerksamkeit zu schenken und zu prüfen, ob das Gesagte und
das Gezeigte zueinanderpassen. In Kap. 4.2.3 findest du Tipps, wie
das geht. Kommunikation beginnt im Kopf, deshalb geht es in diesem
Kapitel auch um Vorurteile und den Umgang mit deinen Gedanken.

---

[2]Ein Hinweis zur Leseranrede: Hunde kennen kein „Du" und kein „Sie", für sie bist du immer
ein Held! Deshalb – und weil Siezen andere künstlich auf Abstand hält – werde ich dich in
diesem Buch duzen. Diese Praxis hat sich im internationalen Vertrieb und bei meinen Führungs-
kräfteworkshops bewährt.

Und da Menschlichkeit und ein gutes Betriebsklima zu den zentralen Glücksfaktoren am Arbeitsplatz zählen, ist das Grund genug, die Themen Emotionen am Arbeitsplatz, Empathie und Nähe genauer zu beleuchten. Als Sahnehäubchen obendrauf gibt es abschließend einige Tipps, wie du wertschätzend Feedback gibst und wie Mitarbeitergespräche gelingen.

In Kap. 5 lernst du den **WAU**-Effekt kennen. Hier geht es um die Themen **W**ertschätzung, **A**chtsamkeit und **U**mdenken. Was in manchen Unternehmen vergessen wird: Wertschöpfung entsteht durch Wertschätzung. In diesem Kapitel beschäftigst du dich unter anderem mit der Frage, wie du deinen Mitarbeitern Wertschätzung zeigen kannst und ebenso, wie du Achtsamkeit üben kannst. Achtsamkeit ist ebenso beliebt wie verkannt; viele Menschen halten sie für esoterischen Quatsch – völlig zu Unrecht, wie du erfahren wirst. Du lernst, die Signale deines Körpers zu erkennen und zu respektieren, dich auf deine aktuelle Handlung zu fokussieren und Gelassenheit zu üben. Zur praktischen Umsetzung findest du Übungen für mehr Achtsamkeit. Und weil deine Gedanken über Erfolg und Misserfolg entscheiden, lohnt es sich, dem Mindset Aufmerksamkeit zu schenken. Umdenken ist deshalb der dritte Baustein, der zum echten Wow-Effekt führt. Deshalb findest du einige Tipps, Infos und Übungen für die Kraftquelle Kopf.

Die Mitarbeiter sind das wichtigste Kapital eines jeden Unternehmens. Motivierte Mitarbeiter arbeiten engagierter und letztlich erfolgreicher. Das kommt dem Unternehmen zugute. Umso wichtiger ist eine wertschätzende und klar kommunizierte Unternehmenskultur. Hier lässt sich wiederum einiges von der Rudelkultur unserer vierbeinigen Freunde abschauen, beispielsweise eine klare Rollen- und Aufgabenverteilung sowie respektvoller Umgang miteinander. Was eine gelungene Unternehmenskultur ausmacht, wie man das „Warum" des Unternehmens erarbeitet und kommuniziert, ist Gegenstand von ▸ Kap. 6. Doch das „Warum" des Unternehmens ist nur ein Puzzlestück zum Berufsglück. Deshalb lade ich dich ein, dir über dein persönliches „Warum" ebenfalls Gedanken zu machen. Denn nur, wenn beide zusammenpassen, entstehen Glück und Erfolg. Deine Pfotenabdrücke in Form eines Umsetzungsplans kannst du in Kap. 7 hinterlassen.

Für wen ist dieses Buch geeignet?

Egal, ob du im Management eines Unternehmens arbeitest oder selbst Geschäftsführer bist, ob große, mittlere oder kleine Firma – dieses Buch richtet sich an alle Führungspersönlichkeiten und solche, die es noch werden wollen. Ich kenne verschiedene Seiten des Berufslebens: als Angestellte, als Führungspersönlichkeit, als Unternehmerin, als Coach. Deshalb ist es mir wichtig, in diesem Buch mehrere Perspektiven zu beleuchten. Mein Anspruch ist es, Menschen und Unternehmen ganzheitlich zu betrachten. Es werden beispielsweise nicht nur die Werte und das „Warum" des Unternehmens beleuchtet. Vielmehr möchte ich dich dazu einladen, deine eigenen Werte, Ziele und dein „Warum" ebenfalls zu betrachten und mit denen des Unternehmens abzugleichen. Gerade in Zeiten, in denen Berufs- und Privatleben immer mehr verschwimmen, ist es essenziell, integral zu arbeiten. Die Trennung zwischen Berufs- und Privatleben funktioniert meiner Erfahrung nach nicht. Deshalb gehe ich in diesem Buch auf beide Aspekte ein. Führung geht uns alle an – und sie beginnt bei uns selbst! Das bemerke ich in meiner täglichen Arbeit. Business und Life Coaching verschmelzen immer mehr. Zu Risiken und Nebenwirkungen frage bitte den Vierbeiner deines Vertrauens.

Kurz, knapp und mit praktischen Übungen

Ich selbst mag keine umständlich und langatmig geschriebenen Bücher, bei denen ich einen Textmarker benötige, um wichtige Dinge hervorzuheben. Deshalb war mein Anspruch an dieses Buch, die Dinge kurz, knapp und humorvoll auf den Punkt zu bringen. Zur Auflockerung dienen die Fotos, die dich vielleicht zum Schmunzeln bringen. Und weil die besten Tipps nicht helfen, wenn sie nicht umgesetzt werden, habe ich immer wieder Reflexionsfragen für dich eingebaut, die dir die Möglichkeit zum Selbstcoaching geben. Diese Fragen kannst du zusätzlich unter www.melanie-ebert.de/Buch downloaden und in Ruhe bearbeiten. Der Code lautet: Leadership-Dogs. Denn um deine Umwelt zu verändern, ist es essenziell, bei dir selbst zu beginnen. Oder – um es mit Mahatma Gandhi zu sagen: „Sei du selbst die Veränderung, die du dir wünschst für diese Welt." (zitate.woxikon.de o. J.)

In jedem Kapitel findest du in Textkästen unter der Überschrift „Vorbild Vierbeiner" kurze Statements, was Menschen von Hunden lernen können. Es ist somit dein Handbuch „to go". Du kannst querlesen, hineinschreiben, deine Einträge immer wieder ergänzen, mit Klebezetteln arbeiten oder es dir neben dein Bett legen. Oder du steckst dir das Buch als deinen täglichen Begleiter in die Tasche.

Das Buch ist integral gestaltet und deckt zahlreiche Themen ab. Das bedeutet: Du lernst den Umgang mit dir und kannst diesen dann auf deinen Führungsalltag übertragen. Theoretisch ließe sich zu jedem Kapitel ein eigenes Buch schreiben. Das will ich nicht – und das würde dich viel zu viel deiner Zeit kosten. Mein Ziel ist es, die wichtigsten Dinge anzusprechen damit du ein Rundum-sorglos-Buch hast, anstatt mehrere Schinken zu wälzen.

Reflexionsfrage für dich

Falls du einen Hund an deiner Seite hattest oder hast: Was durftest du bisher von ihm lernen?

Wir wünschen dir viel Spaß beim Lesen und beim Hinterlassen Deiner Pfotenabdrücke!

Melanie, Mira, Maggy
www.melanie-ebert.de

Literatur

aphorismen.de (o. J.) https://www.aphorismen.de/zitat/7638. Zugegriffen: 22. Nov. 2020

zitate.woxikon.de (o. J.) https://zitate.woxikon.de/veraenderung/1325-mahatma-gandhi-sei-du-selbst-die-veraenderung-die-du-dir-wuenschst-fuer-diese-welt. Zugegriffen: 3. Dec. 2020

2

Wie ich auf den Hund gekommen bin – und was du daraus lernen kannst

Zusammenfassung

In diesem Kapitel geht es um meine eigene Geschichte. Ich habe Höhen und Tiefen durchlebt, hart gearbeitet, Stolpersteine aus dem Weg geräumt und letztlich meinen Traum verwirklicht. In dieser Zeit habe ich viel über mich und meine Beweggründe gelernt. Daran möchte ich dich teilhaben lassen, damit du etwas aus meinen Erfahrungen lernen kannst.

Ich hatte in meinem Leben mit vielen Widrigkeiten zu kämpfen, aus Fehlern gelernt, Stolpersteine aus dem Weg geräumt, mich immer wieder durchgebissen und letztlich meinen Traum verwirklicht. Das war nicht immer leicht, doch ich habe viel über mich und meine Ziele (mein „Warum") gelernt. Deshalb möchte ich dich daran teilhaben lassen, damit du ebenfalls etwas aus meinen Erfahrungen lernen kannst.

Ein braves Mädchen mit klassischem Werdegang, das mehr vom Leben wollte …
Mein Werdegang begann ganz typisch. Auch wenn ich als kleine Rebellin geboren wurde. Das sagte mir meine Mutter immer wieder und dass ich meinem Sternzeichen Löwe wohl sehr ähnlich bin. Trotzdem habe ich gelernt, immer brav zu sein, wie sich das für

© Der/die Autor(en), exklusiv lizenziert durch Springer Fachmedien Wiesbaden GmbH, ein Teil von Springer Nature 2021
M. Ebert, *Leadership ohne Leine*, https://doi.org/10.1007/978-3-658-33610-3_2

Mädchen gehört: Schule, Ausbildung, Studium, Hochzeit, Haus und Karriere. Nach meinem Schulabschluss habe ich erst eine Lehre zur Speditionskauffrau absolviert und anschließend in eine Bank gewechselt. Dort brachte ich erfolgreich Bausparverträge an den Mann – und an die Frau.

Reflexionsfragen für dich

• Was tust du im Berufsleben und im Privatleben, um die (vermeint-lichen) Erwartungen anderer zu erfüllen?
• Was würde passieren, wenn du das nicht tun würdest?

Ich wollte schon immer Geld verdienen und nicht nur das Geld anderer zählen. Ohne eine Ausbildung zur Bankkauffrau sah ich allerdings keine großen Entwicklungschancen für mich in der Bank. Nach nur einem Jahr wechselte ich 1997 in ein produzierendes mittelständisches Unternehmen. Im selben Jahr bekam ich meinen ersten eigenen Hund Chino: ein Misch-ling aus Rottweiler und Berner Sennenhund.

… und sich dafür mächtig ins Zeug legte

Neben meinem Job bauten wir ein Haus, heirateten und ich absolvierte ein Bachelor-Studium und legte die Ausbildereignungsprüfung ab. Dafür gingen mehrere Abende pro Woche und die Samstage drauf – eine stressige Zeit, die mit einem Posten als Key-Account-Managerin und einer anschließenden Beförderung zur Einkaufsleitung belohnt wurde. Für letztere Stelle war ich weltweit unterwegs. Nach einem anstrengenden 14-Stunden-Tag auf einer Messe schlief ich am Steuer meines Wagens ein und knallte mit 160 km/h auf der Autobahn in die Leitplanke. Das war ein erster Wink mit dem Zaunpfahl. War es das wirklich wert? Zum Glück hatte ich einen Schutzengel, der mich vor Schlimmerem bewahrte.

Reflexionsfragen für dich

• Wofür lohnt es sich, sich so richtig ins Zeug zu legen? Was ist der Lohn dafür (z. B. Zufriedenheit, Ansehen, Spaß, viel Geld etc.)?
• Passen für dich Leistung und Entlohnung zusammen?

Die Unternehmenssparte, in der ich tätig war, wurde aufgelöst. Anders als meine Kolleginnen wurde ich nicht entlassen, sondern ich wechselte in den Export. Als geborene Perfektionistin belegte ich diverse Kurse für Business-Englisch und setzte erneut eine nebenberufliche IHK-Ausbildung drauf, diesmal eine zur Fremdsprachenkauffrau in Englisch. Als Export-Managerin war ich für die Regionen Nordeuropa, Russland, Ukraine, Baltikum, Skandinavien, Island, Tschechien, Slowakei, Italien, Griechenland, USA und Brasilien verantwortlich. Wer das schon mal gemacht hat, kann sich vorstellen, dass es eine ganze Zeit lang sehr spannend ist, neue Kulturen kennenzulernen. Meine Landkarte ist gespickt mit Zielen, die ich sonst vielleicht nicht gesehen hätte. Dafür bin ich sehr dankbar, doch irgendwann dachte ich mir: „Ich war in so vielen Ländern und doch habe ich nicht alles gesehen, was ich mir wünschte." Und der nächste Gedanke war: „Das kann ja nicht alles im Leben sein."

Reflexionsfragen für dich

Sicher hast du dich aus gutem Grund für deinen Job und deine Hobbys entscheiden. Halte trotzdem einmal inne: Erfüllt dich das, was du tust, immer noch? Oder gibt es etwas, das du nur noch aus Gewohnheit tust?

Ein scheinbar perfektes Leben

Ich habe immer viele Dinge auf einmal gemacht, war stets eine Powerfrau und lebte mit Mitte 20 das scheinbar perfekte Leben: Ich hatte zusammen mit meinem Mann ein Haus gebaut, war gewollt kinderlos, arbeitete in einem Job, der mir gefiel, hatte einen Porsche in der Garage und war schuldenfrei. Dennoch blieb mir nur wenig Zeit, um das verdiente Geld auszugeben, weil ich ja ständig unterwegs war. Irgendwann fragte ich erneut: Wozu das Ganze? Eine befriedigende Antwort habe ich nicht gefunden. Trotzdem lief ich im Hamsterrad weiter.

Reflexionsfragen für dich

Was erfüllt dich mit Sinn? Worin siehst du dein „Warum"? Warum stehst du jeden Morgen auf?

Der Tag, der mein Leben verändert hat

Der Wendepunkt in meinem Leben beginnt mit einem Telefonanruf um halb sechs Uhr morgens. Ich ahne Schlimmes. Am anderen Ende ein Familienmitglied. Dieses berichtet mir aufgelöst, dass jemand aus dem Familienkreis angerufen und ihr verkündet habe, er wolle sich umbringen. Ein unfassbarer Schock!

Wir springen sofort ins Auto, um denjenigen zu suchen. Ich rufe immer wieder auf dem Handy an und nach gefühlt tausend vergeblichen Anrufen geht er tatsächlich ran. Er fragt mich, wozu wir ihn denn bräuchten, er sei doch sowieso überflüssig. Ich versuche ihm klarzumachen, wie wichtig er uns ist, flehe ihn an, sich nichts anzutun. Immer wieder legt er auf, geht doch wieder ans Telefon und verrät uns letztlich, wo er sich gerade aufhält: auf einer Fußgängerbrücke über der Autobahn. Als wir dort ankommen, reißen wir die Autotür auf, eilen auf die Brücke und sehen ihn springen.

Ich kann das Gefühl gar nicht beschreiben, das mich in dem Moment überkommt. Es fühlt sich an, als bleibt die Zeit stehen. Das Herz setzt aus und eine unfassbare Leere macht sich in mir breit. Es ist wie eine Art Trance und Schockzustand zugleich. Wir schauen auf die Autobahn und sehen ihn mitten auf der Fahrbahn liegen. Autos weichen aus. Schließlich wird er von einem Lkw überrollt. Wie eine Puppe. Als wäre er gar nichts. Und wir stehen oben auf der Fußgängerbrücke und haben keine Chance, ihm zu helfen oder zu sehen, ob er noch lebt oder nicht.

Dieser Augenblick hat mein Leben verändert. Das Bild ist fest in meinem Kopf eingebrannt.

Die schwierige Zeit danach

Danach entstand ein einziges Chaos. Der Rettungsdienst gab uns letztlich zu verstehen, dass derjenige tatsächlich noch am Leben war, wenn auch schwerverletzt. Praktisch kein Körperteil war unversehrt. Es grenzte an ein Wunder, dass er überhaupt noch lebte. Für uns begann eine Zeit des Bangens, Hoffens und Wartens – wochenlang. Er sah friedlich aus in seinem Koma – und für mich fühlte sich dieser Zustand ebenfalls komatös an.

Täglich standen wir an seinem Krankenbett, hofften, dass er die vielen Operationen überstehen würde. Die Ärzte gaben uns wenig Hoffnung. Ich fühlte mich schuldig, machte mir Vorwürfe, fragte mich, was ich hätte tun können. Hätte ich nicht merken müssen, was los war? Wie hätten wir miteinander kommunizieren können, um die innere Not zu erkennen?

Reflexionsfragen für dich

Das ist sicher ein sehr krasses Beispiel für mangelnde Kommunikation. Wir merken oft nicht, wie es Menschen in unserem Umfeld tatsächlich geht, weil wir mit unseren eigenen Problemen beschäftigt sind. Weil wir uns von einer schönen Fassade blenden lassen und die eigene Wahrnehmung nicht mehr geschärft ist. Wir hinterfragen oft nicht, ob das, was andere uns vorgaukeln, wirklich stimmt.
- Woran erkennst du, dass es einem vertrauten Menschen gut geht?
- Wie merkst du, dass der- oder diejenige traurig, unzufrieden, verzweifelt ist?
- Was kannst du tun, um deine eigene Wahrnehmung wieder zu schärfen?

Das Schlüsselerlebnis in meinem Leben ging schlussendlich gut aus. Unser Familienmitglied überlebte den Sprung von der Brücke. Nach fast zwei Monaten im Krankenhaus kam er in die Reha. Doch da hatte uns bereits der nächste Schicksalsschlag ereilt: Mein Vater hatte einen schweren Schlaganfall. Zu guter Letzt musste ich nach 14 Jahren noch meinen Hund Chino einschläfern lassen. Das war einfach zu viel für mich. Zu viel zu verarbeiten. Zugleich löste diese extrem belastende Situation eine Kette von Gedanken in mir aus. Was ist der Sinn des Lebens? Warum passieren Dinge? Warum bin ich hier und was will ich auf der Welt?

Auch nach dieser noch immer unbegreiflichen Zeit machte ich erst mal weiter wie bisher. Natürlich, ich hatte ja schließlich gelernt, tapfer zu sein und mit allem irgendwie klarzukommen. Bevor ich daraus meine wichtigen Konsequenzen zog, machte ich weiter wie bisher. Einer meiner wenigen Lichtblicke zu dieser Zeit: die kleine schokobraune Labradorhündin Mira, die ein Jahr nach Chinos Tod bei uns einzog.

Ein „Warnschuss" meines Körpers

Mein damaliges berufliches Ziel war die Exportleitung. Ich glaubte, mit diesem Job würde alles perfekt. Damals fragte ich mich noch nicht, was dann das nächste Ziel sein sollte. Ich hatte nur den einen Fokus im Leben. Doch nicht ich erhielt den Posten, sondern der damalige Vertriebsleiter. Ich fragte mich und auch die Geschäftsleitung: „Warum er, warum nicht ich?" Eine befriedigende Antwort blieb aus. Das langersehnte Ziel war einfach weg! Der Traum zerplatze wie eine Seifenblase. Mittlerweile glaube ich, dass das Prinzip „Null Frauen" in den Köpfen der Führung verankert war.

Weitere schwierige Jahre folgten. Meine Eltern mussten regelmäßig ins Krankenhaus, mein Job erfüllte mich nicht, der Stress wirkte sich zunehmend auf meine Gesundheit aus, bis ich selbst mit einem drohenden Burn-out in der Klinik landete. Ich stieg anschließend auf Teilzeit um, genoss die freien Nachmittage, stellte jedoch fest, dass ich keine Hobbys hatte. Außer Arbeit gab es da nichts. Was für eine traurige Erkenntnis und was für eine unendliche Leere.

Reflexionsfragen für dich

- Was treibt dich außerhalb deiner Arbeit an?
- Womit verbringst du gerne deine freie Zeit?

In den nachfolgenden Jahren beschäftigte ich mich viel mit mir selbst, mit meinen Werten und Zielen. Ich wusste, dass ich beruflich umsatteln musste, um glücklich zu werden. Mein Mann und Mira waren meine Unterstützung und immer an meiner Seite. 2016 beschloss ich, mich im Bereich Coaching weiterzubilden. Neben der Ausbildung zum Business Coach habe ich zugleich die zum Mental Coach erfolgreich absolviert. Danach folgten noch einige weitere Aus- und Weiterbildungen.

Raus aus der Komfortzone, rein ins Berufsglück

Nach über 20 Jahren verließ ich meine bisherige Firma. Der Abschied von meinen geliebten Kunden, Mitarbeitern und Kollegen fiel mir sehr schwer. Doch was damals eine herbe Enttäuschung war, hat sich im Nachhinein als echter Glücksfall herausgestellt. Denn so konnte ich das berufliche Traumziel erreichen, das mich schon lange – wenn auch eher als unkonkrete Vision – umgetrieben hatte. Ich war inzwischen 40 und erlaubte mir, meine Komfortzone zu verlassen. Mir wurden gleich mehrere spannende Jobs angeboten, doch ich entschied mich für das Wagnis: den Sprung in die Selbstständigkeit. Im Nachhinein kann ich sagen: Das Leben prüft dich, ob du die Entscheidung für dich gut getroffen hast. Es gibt meist nicht nur einmalige Warnschüsse ab, sondern klopft mehrmals an deine Tür!

Zunächst trieben mich Zweifel um, ob ich dafür gut genug sei, wie ich an Kunden gelangen sollte und ob ich davon leben könnte. Doch die Coaching-Ausbildungen haben mir bei meiner Entscheidung geholfen. Ich hatte währenddessen viel darüber nachgedacht, wofür ich brenne, was meinem Leben einen Sinn gibt, was mein „Warum" ist. Geht es im Leben nur darum, ein Ziel zu erreichen, oder vielmehr darum, glücklich zu sein?

Reflexionsfragen für dich

- Was wird für dich wichtig sein, wenn du 95 bist?
- Welche Lebensgeschichte möchtest du im Alter erzählen können?
- Worauf bist du stolz?
- Worauf willst du stolz sein?
- Was wirst du bereuen?

Auf den Hund gekommen? Von wegen!

2018 bin ich erfolgreich in meine Selbstständigkeit gestartet. Gemeinsam mit meinen beiden Vierbeinern unterstütze ich jetzt Unternehmen, damit Mitarbeiter wieder mit Spaß und Herzblut arbeiten. Wir holen das Betriebsklima von den Minusgraden in den Plusbereich. Durch Coachings, Workshops oder Trainings mit den Menschen entsteht daraus eine positive Unternehmenskultur, die langfristig mit finanziellem Erfolg belohnt wird. Wir helfen Unternehmern und Führungskräften, damit sie vom Dompteur (Führungskraft) zum Animateur (Führungspersönlichkeit) werden. Genau die Dinge, die ich im internationalen Vertrieb erlebt, gelernt und umgesetzt habe.

Was es dazu braucht? Vor allem Menschlichkeit – und die kommt in vielen Unternehmen zu kurz. Das Erstaunliche: Menschlichkeit lässt sich wunderbar von Hunden lernen. Darauf setze ich in meinen Seminaren, Coachings und Bühnenauftritten mit meinen beiden Leadership Dogs®. Hunde spiegeln im Coaching den Mitarbeiter. Deshalb war es mir wichtig, neben Mira eine zweite Labradorhündin zu haben. Maggy, der Sonnenschein mit silberglänzendem Fell, hat ganz andere Charaktereigenschaften als Mira – ebenso wie Mitarbeiter verschieden sind.

Reflexionsfragen für dich

Sicher haben auch deine Mitarbeiter unterschiedliche Charaktere.
- Wie gehst du darauf ein?
- Wie gehst du mit unliebsamen Eigenschaften um?

3

Führung und Leadership – wie führst du?

Zusammenfassung

In diesem Kapitel geht es um die großen Fragen erfolgreicher Führung und den Weg von der Führungskraft (Dompteur) zur Führungspersönlichkeit (Animateur). Du erfährst unter anderem, wie du den Seitenwechsel vom Kollegen zum Vorgesetzten meisterst, was den Führungsstil der Zukunft ausmacht, wie du mit möglichst langer (oder noch besser: ohne) Leine führst und wie Führung auf Distanz gelingt, wenn die Mitarbeiter im Homeoffice arbeiten. Daneben gibt es zahlreiche weitere Hintergrundinfos und Reflexionsfragen rund um das Thema Leadership.

Bei der Führung von Mitarbeitern ist es wie bei Hunden: Rudelführer im Hunderudel werden diejenigen, die Vertrauen wecken, anstatt Zähne zu zeigen. Es braucht Regeln, damit das Rudel die größtmögliche Freiheit genießen kann. Ranghohe Tiere zeigen Dominanz durch Ruhe und Autorität. Sie sind souverän und bedrohen keine Rudelmitglieder.

© Der/die Autor(en), exklusiv lizenziert durch Springer Fachmedien Wiesbaden GmbH, ein Teil von Springer Nature 2021
M. Ebert, *Leadership ohne Leine*, https://doi.org/10.1007/978-3-658-33610-3_3

3.1   Vom Kollegen zur Führungskraft – den Seitenwechsel rocken

Du denkst dir: „Jetzt habe ich es geschafft und bin Führungskraft oder sogar mein eigener Chef!" Du wirst nun ganz schnell merken, dass damit wiederum ganz andere Herausforderungen auf dich zukommen. Du bist plötzlich nicht mehr der nette Kollege, mit dem man abends ein Bier trinken geht, sondern der Vorgesetzte. Hast du dir diese Rolle überhaupt ausgesucht? Oder bist du mehr oder weniger gegen deinen Willen auf die Position gesetzt worden? Ein häufiges Problem in Unternehmen ist, dass gute Fachkräfte zu Führungskräften werden, obwohl sie darauf gar keine Lust haben oder im schlimmsten Fall nicht dafür geeignet sind.

In deiner neuen Rolle wirst du dich und deine künftige Herangehensweise hinterfragen dürfen. Hier ist deine emotionale Intelligenz (siehe Abschn. 4.2) gefragt, und eingestaubte Führungsstile helfen hier nicht weiter. Leider werden die wenigsten auf diese Rolle vorbereitet, sondern es läuft eher nach dem Motto: „Mach doch mal!" Eine Befragung von StepStone (2020) unter 5000 Fach- und Führungskräften zeigt, dass 35 % aller Vorgesetzten nie ein Führungskräftetraining erhalten haben. Laut dieser Umfrage sind außerdem gerade einmal 15 % der befragten Chefs im Vorfeld auf die neue Rolle vorbereitet worden.

Hier liegt der Hund begraben. Führung kann man lernen – im Idealfall, bevor „das Kind in den Brunnen gefallen ist". Unter anderem hierbei soll dich diese Lektüre unterstützen (siehe Abschn. 3.4).

> „Ein Heer von Schafen, das von einem Löwen geführt wird, schlägt ein Heer von Löwen, das von einem Schaf geführt wird." Arabisches Sprichwort (leadershipjournal.de o. J.)

Was ist am Anfang essenziell beim Sprung auf die „andere Seite"?

1. **Klare Definition:** Position, Ziele, Abläufe, Aufgaben, Strukturen, Zuständigkeiten, Budget, Befugnisse

2. **Selbstführung:** Mindset, Reflexion, Rollenklarheit, eigene Ziele, Stärken, Werte, Ressourcen
3. **Rahmenbedingungen:** Einführung, Kommunikation, Offenheit, Vertrauen

Praktische Tipps, wie du den Seitenwechsel rockst:

- Den Satz „es bleibt alles beim Alten" kannst du vergessen. Es wird sich für dich alles ändern. Sei dir dieser Veränderung bewusst. Kommuniziere deinen Aufstieg und schaffe ein klares Rollenverständnis.
- Check your mindset und übe dich in Selbstführung (siehe Abschn. 3.3.3), damit du zur Führungspersönlichkeit wirst. Die Lektüre dafür hast du bereits in der Hand.
- Wenn du mit deinen Kollegen beim „Du" warst, dann bleib dabei. Überlege dir, wie du es mit den anderen Kollegen handhabst. Ich empfehle eine einheitliche Struktur.
- Die Kollegen, mit denen du früher vielleicht die wildesten Partys gefeiert hast und die jetzt deine Mitarbeiter sind, sollen keine Sonderbehandlung bekommen. Jetzt wirst du Entscheidungen treffen, die nicht jedem gefallen. Sprich mit diesen Kollegen und stecke das Verhältnis neu ab.
- Positioniere dich eindeutig gegenüber ehemaligen Kollegen und beziehe klar Stellung gegenüber deinen Vorgesetzten.
- Zeige authentische und ehrliche Wertschätzung.
- In deiner neuen „Sandwichposition" bist du dem Druck von zwei Seiten ausgesetzt – nämlich von oben und von unten. Lass dich nicht hinreißen, zu schnelle Versprechungen zu machen – weder in deinem Team noch bei deinen Vorgesetzten.
- Definiere klare Ziele (siehe Abschn. 6.3) und setze Prioritäten. Stimme Teamziele gemeinsam mit deinen Mitarbeitern ab.
- Schaffe einen Perspektivwechsel im Kopf, damit du die Sichtweise der Mitarbeiter nicht verlierst. Beobachte dich aus der Metaebene, um in herausfordernden Situationen souverän zu bleiben. Das bedeutet: Versuche, dich von „oben" zu betrachten, somit hast du eine andere Perspektive auf die Situation. Du kannst dir vorstellen,

als blickst von einem Balkon im 3. Stock auf die Straße, auf der du stehst. Es ist immer eine Frage der Sichtweise! Siehst du das Glas halb voll oder halb leer?

- Bleibe lernbereit – denn gute Führung kann erlernt werden.

Reflexionsfragen für dich

- Wie wurdest du beim Seitenwechsel unterstützt?
- Wie gut hast du den Seitenwechsel gerockt?
- Welche der Tipps können dir helfen?

3.2 Teamwork ist Dreamwork – Kollaboration statt Konkurrenz

Kennst du das? Du sitzt den ganzen Tag im stillen Kämmerlein und arbeitest vor dich hin … Nein, natürlich kennst du das nicht! Denn kaum jemand arbeitet ganz allein für sich. Vergiss nicht: Du bist jetzt ein Teamleader! Austausch und Zusammenarbeit mit anderen gehört in den meisten Jobs dazu – und zu dem einer Führungspersönlichkeit ganz besonders! Wenn ihr euch als Team versteht, kann dies extrem bereichernd sein. Es kann jedoch ins Gegenteil umschwenken, wenn ihr lediglich als eine Gruppe zusammengewürfelter Personen agiert.

Vorbild Vierbeiner

Hunderudel haben Ähnlichkeiten mit Teams. Alle haben die gleichen Ziele, die sie gemeinsam verfolgen. Jeder bringt dabei die Stärken und Talente ein, die zu ihm und seiner Rolle passen. Im Rudel geht es zum Beispiel darum, alle Mitglieder bestmöglich zu schützen und täglich etwas zu essen zu haben. Ein Team verfolgt ebenfalls gemeinsame Ziele, die am besten mit gegenseitiger Unterstützung erreicht werden können.

Als Führungspersönlichkeit zählt die Teamentwicklung zu deinen Aufgaben. Doch während die Zusammenarbeit im Hunderudel automatisch funktioniert, bilden Menschen nicht zwangsläufig ein Team.

Damit aus einer Gruppe aus unabhängigen Einzelkämpfer
wird, braucht es entsprechende Maßnahmen sowie Kompeten
Diese Sozialkompetenzen sind essenziell für ein Team:

- Kommunikationsfähigkeit
- Respekt
- Vertrauen
- Zuverlässigkeit
- Kritikfähigkeit
- Kooperationsbereitschaft
- Verantwortungsbewusstsein
- Emotionale Intelligenz
- Lernbereitschaft

Praktische Tipps für dein Team:

- Überprüfe, was dein Gefühl sagt, ob aus den entsprechenden Mitarbeitern ein Team werden kann.
- Sprich im Vorfeld mit den entsprechenden Personen, ob es für sie vorstellbar ist, ein Team zu werden, und welche Konstellationen für sie denkbar sind.
- Organisiere eine gemeinsame Auftaktveranstaltung, bei der die Erwartungen, Wünsche, Ziele und gemeinsamen Werte definiert werden (siehe Kap. 5). Idealerweise mit externer Moderation und einem Commitment hinsichtlich der Grundlagen der Zusammenarbeit.
- Arrangiere ein anschließendes Teambuilding-Event, bei dem gemeinsam Aufgaben gelöst werden, um den Teamgeist zu wecken.
- Um den Teamgeist zu fördern, sind regelmäßiger Austausch, Reflexion und Überprüfung des gemeinsamen Commitments notwendig. Somit wird nachvollziehbar, ob die Zusammenarbeit effektiv und effizient ist.

Wie groß soll es denn sein?
Wenn du schon überlegen musst, wie die Namen der Teammitglieder lauten, ist dein Team wahrscheinlich zu groß. Damit du wirklich

menschlich führen kannst, ist meine Empfehlung, dass dein Team nicht mehr als 13 Mitglieder haben sollte. Führung bedeutet dienen – bis zu welcher Größenordnung ist das aus deiner Sicht möglich?

Alphatiere im Büro? – Rollen im Berufsleben

Wir alle nehmen in unserem Alltag verschiedene Rollen ein, die sich je nach Situation und Kontext unterscheiden. Das gilt für das Privatleben ebenso wie für den Job. Zu deinen Rollen im Führungsalltag zählen z. B.:

- Potenzialentfalter
- Überblick-Behalter
- Fachmann
- Führungspersönlichkeit
- Berater
- Chef
- Coach
- Mitarbeiter
- Moderator
- Visionär
- Vorbild
- Vorgesetzter
- Koordinator
- Kollege
- Unternehmer
- Konfliktmanager

Je nach Situation werden verschiedene Erwartungen an dich gestellt. Bestimmte Aufgaben sind an diverse Rollen geknüpft. Manchmal gilt es, dominant aufzutreten und die Mitarbeiter klar anzuleiten, manchmal geht es darum, die Beschäftigten zu unterstützen und ihnen den Rücken freizuhalten. Das alles sind Facetten der übergeordneten Führungsrolle. Jede Führungspersönlichkeit hat Mehrfach-Herausforderungen, die an die Führungsrolle geknüpft sind. Wichtig ist, dass du dich in deiner Rolle wohlfühlst, dich damit identifizieren kannst und deine eigene Note findest.

Damit du die Rolle findest, die zu dir passt, kannst du dir zudem folgende Fragen stellen:

- Welche Erfahrungen helfen mir, um die Rolle einzunehmen?
- Wie möchte ich mich in dieser Rolle verhalten?
- Wer stellt Erwartungen an mich? Welche sind das? Welche unausgesprochenen Erwartungen stehen im Raum?
- Woran kann ich erkennen, dass ich die Erwartungen erfülle?
- Wie kann ich in meiner Rolle noch wirksamer werden?
- Wenn ich unter Druck gerate, kann ich dann meine Rolle wie gewünscht ausfüllen?

Worauf ich hier hinauswill, ist, dass gerade du den Unterschied machst! Es ist die Menschlichkeit, die in Unternehmen benötigt wird, und dafür braucht es Führungspersönlichkeiten mit besonderen Fähigkeiten. Welche das sind, erfährst du in Abschn. 3.3.3, Kap. 4 und 5. Es beginnt bei dir – bei deiner Selbstführung! Nur wer sich selbst führen kann, kann Mitarbeiter und Organisationen führen. Als Führungspersönlichkeit ist es deine Aufgabe, Veränderungen zu rocken und dein Team auf die Reise mitzunehmen.

Reflexionsfragen für dich

Ich möchte dich einladen, zu überlegen, welche Rollen du spielst und welche davon dir nicht guttun und eliminiert werden können.
- Welche Rollen nimmst du beruflich und privat ein?
- Welche kosten dich viel Anstrengung und welche fallen dir leicht?
- Welche davon können weg?
- Wie viele Mitglieder hat dein Team?

3.3 Führungskraft und Führungspersönlichkeit – vom Dompteur zum Animateur

Im Kontext von „Führung" gibt es viele unterschiedliche Begrifflichkeiten. Ich unterscheide beispielsweise zwischen Management und Leadership, zwischen Führungskraft und Führungspersönlichkeit. Worin liegt der Unterschied?

Das Wort **Management** leitet sich aus dem Italienischen ab: „Maneggiare" bedeutet „an der Hand führen" oder „ein Pferd in die Manege führen" (Gabler Wirtschaftslexikon o. J.). Ein Manager führt also im übertragenen Sinne die Beschäftigten wie ein Zirkusdompteur durch die Manege. Die Mitarbeiter nehmen dabei die Rolle der Tiere ein, die sich (scheinbar willenlos) führen lassen. Eine **Führungskraft**, wie ich sie verstehe, ist ein Manager, der sich vor allem mit Prozessen und Ergebnissen beschäftigt. Die Mitarbeiter spielen dabei eine eher untergeordnete Rolle. Doch führen ist heute weit mehr als nur managen, es geht um **Leadership**. Hier kommt die **Führungspersönlichkeit** ins Spiel, die die Mitarbeiter inspiriert und auf die Reise mitnimmt, als Potenzialentfalter auftritt und damit Organisationen und Mitarbeiter in die Zukunft führt.

Die folgende Liste zeigt dir, welche Kompetenzen, Fähigkeiten und Eigenschaften für Führungspersönlichkeiten wichtig sind. Kreuze diejenigen an, von denen du glaubst, dass du sie bereits besitzt. Alternativ kannst du dir von deinem Team Feedback geben lassen.

- Agiles Mindset
- Authentizität
- Charisma
- Coaching-Fähigkeiten
- Dankbarkeit
- Ehrlichkeit
- Emotionale Intelligenz
- Empathie
- Entscheidungsstärke
- Fähigkeit zu delegieren
- Flexibilität
- Geduld
- Humor
- Klarheit
- Kommunikationsfähigkeit
- Konfliktmanagement
- Kontaktfreudigkeit
- Leidenschaft
- Lösungsorientierung
- Loyalität
- Neugier
- Offenheit
- Präsenz
- Reflexion
- Resilienz
- Selbstführung
- Selbstreflexion
- Sensibilität für Diversity
- Spirit
- Strategisches Denken
- Teamgeist
- Transparenz
- Umgang mit Ambiguität
- Verantwortungsbewusstsein
- Verbindlichkeit
- Verständnis
- Vertrauen
- „Warum" leben
- Wertschätzung

Hundetrainer und Führungspersönlichkeit – gar nicht so verschieden

Beide haben ähnliche Aufgaben: Sie entwickeln ihre jeweiligen „Schützlinge" in kleinen Schritten weiter – und zwar abgestimmt auf die Bedürfnisse der Lernenden. Hunde, die aus dem Tierschutz vermittelt wurden und über deren manchmal qualvolle Vergangenheit oft wenig bekannt ist, entwickeln sich beispielsweise oft in kleineren Schritten, als Hunde, die gut sozialisiert aufwachsen. Auch Rückschritte sind manchmal nötig. Doch wenn sie richtig gefördert werden, sind sie meist ewig treu. Dasselbe gilt für Menschen. Wir sind emotionale Wesen und keine Maschinen, die regelmäßige Software-Updates erhalten.

Führungskraft und Führungspersönlichkeit

In Tab. 3.1 findest du die Unterschiede zwischen Führungskraft und Führungspersönlichkeit übersichtlich aufgeführt.

Die Gegenüberstellung zeigt: Führungskräfte sind eher Dompteure, Führungspersönlichkeiten gleichen Animateuren. Und doch braucht es im Führungsalltag eine Mischung aus beidem. In jedem Fall sollte Führung wertschätzend sein.

Tab. 3.1 Unterscheidungskriterien Führungskraft und Führungspersönlichkeit

Führungskraft (Manager)	Führungspersönlichkeit (Leader)
Führt mit Zielen	Führt mit Sinn, Vision
Führt durch Angst, Druck, Kontrolle, Macht	Führt mit Sprache, Wertschätzung auf Augenhöhe
Führen	Inspirieren
Gibt Antworten	Coacht und stellt Fragen
Starres Mindset	Agiles Mindset
Kontrolliert Mitarbeiter	Vertraut Mitarbeitern
Problemlöser	Vermittler in Konflikten
Kontrolliert Erfolge	Feiert Erfolge
Sachorientiert	Beziehungsorientiert
Lob	Wertschätzung

Was macht wertschätzende Führung aus?

- Führung mit vorbildlichem Verhalten – ohne Druck
- Leadership auf allen Ebenen fördern
- Vertrauen
- Kommunikation auf Augenhöhe
- Positives Mindset
- Lernkultur statt Fehlerkultur
- Integrale Führung
- Potenzialentfaltung der Mitarbeiter
- Inspiration
- Interesse am Wohlbefinden der Mitarbeiter
- Eigenverantwortung und Mitbestimmung ermöglichen
- Neue Verhaltensweisen vorleben statt vorgeben
- Vision entwickeln und Leitplanken etablieren, in denen sich Mitarbeiter frei bewegen können

---

Reflexionsfragen für dich

- Wie siehst du dich? Als Dompteur oder als Animateur?
- Wie sehen dich deine Mitarbeiter?

3.3.1 Alles auf agil – der Führungsstil der Zukunft?

Agilität ist in aller Munde. Fast überall wird von agiler Führung gesprochen. Doch was bedeutet das überhaupt und was braucht es dafür? Agilität in Unternehmen bedeutet, dass diese beweglich und flexibel sind. Ein proaktives Handeln steht hier im Vordergrund. Es geht um den Umgang mit unvorhergesehenen Ereignissen und wie flexibel auf neue Anforderungen reagiert werden soll.

Agile Methoden wie z. B. KANBAN, Design Thinking oder SCRUM werden eingesetzt, um Unternehmen agil zu machen, scheitern jedoch oft, weil dafür die Grundvoraussetzung fehlt. Für diesen Stil braucht es das entsprechende Mindset (siehe Abschn. 5.3), welches wachstumsorientiert und offen für Neues ist. In vielen Unternehmen herrscht Schwarzweiß-Denken. Das greift oft zu kurz. Eine Mentalität von „sowohl – als auch", die beides integriert, kann wegweisend und erfolgsentscheidend sein.

Gefragt sind Mitarbeiter, die Ideen entwickeln und Verantwortung übernehmen. Dazu braucht es Führungspersönlichkeiten, die nicht nur Antworten geben, sondern Verantwortung abgeben! In „VerANTWORTung" steckt das Wort „Antwort". Das Ziel agiler Führung besteht darin, die Mitarbeiter vom Sollen zum Wollen zu bewegen. Agile Führungspersönlichkeiten fokussieren sich nicht nur auf Probleme und Konflikte innerhalb eines Unternehmens, sondern auf die Persönlichkeitsentwicklung der Mitarbeiter.

Agile Führung oder Agile Leadership ist eine persönliche Einstellung und „Kopfsache" – Verhalten, das alte Führungsstile völlig auf den Kopf stellt. Es geht um dienen statt um Befehle bellen. Als Führungspersönlichkeit ist für dich ein langer Atem vonnöten und der Weg dorthin kann durchaus länger sein. Doch die Entwicklung deines Teams ist eine Aufgabe, die sich langfristig lohnt. Es wird ein Genuss sein, deinen Mitarbeiter zuzusehen, wie sie über sich hinauswachsen.

Ein paar praktische Tipps für agile Führung:

- Schaffe die passenden Rahmenbedingungen für agiles Arbeiten und minimiere bürokratische Hürden.
- Ermuntere deine Mitarbeiter, Wissen zu teilen, statt eine Einzelkämpfermentalität zu leben.
- Lege den Fokus auf die Stärken deiner Mitarbeiter.
- Mache Mitarbeiter zu Mitdenkern.
- Sorge für Transparenz und guten Informationsfluss.
- Fehler sind Chancen und zugleich Helfer (siehe Abb. 3.1), vermittle dies deinen Mitarbeitern. Und lebe es vor!
- Achte auf Kommunikation und gib regelmäßig Feedback und Feedforward.
- Entwickle selbstorganisierte Teams.

Abb. 3.1 Wie aus „Fehler" „Helfer" wird, wenn die Buchstaben verdreht werden

- Berücksichtige die Wünsche und Bedürfnisse des Marktes und beziehe die Perspektive von Kunden, Partnern und Lieferanten ein. Viele Unternehmen fokussieren sich nur auf den eigenen „Kosmos" und sind mit sich selbst so beschäftigt, dass sie vollkommen die Außenorientierung vergessen und sich dann wundern, wenn schnell sie vom Markt gefegt wurden.
- Fördere schnelle Entscheidungen und kurze Wege.

Reflexionsfragen für dich

- Werden in deinem Unternehmen agile Methoden angewendet?
- Wie agil ist deine Führung?

3.3.2 Was steht an? – Aufgaben einer Führungspersönlichkeit

Die Grundvoraussetzung ist: Nur wer Menschen mag, kann zur Führungspersönlichkeit werden. Führung bedeutet Dienstleistung. Und das bedeutet auch, den Mitarbeitern dienen! Auf die wichtigsten Aufgaben einer Führungspersönlichkeit werden wir in diesem und in den nächsten Kapiteln (siehe Abschn. 4.2, Kap. 5 und 6) noch genauer zu sprechen kommen. Fangen wir hiermit an:

- Ressourcen wecken sowie Potenziale entdecken und entfalten
- Lernkultur fördern
- Vorbild sein
- angemessen und wertschätzend kommunizieren
- integral führen: Mitarbeiter mit ihren Bedürfnissen ganzheitlich wahrnehmen und entwickeln
- inspirieren und motivieren
- Vision entwickeln
- Team- und Unternehmenskultur fördern

Potenziale entdecken und entwickeln – wahre Schätze heben

Ziel von Führung soll es sein, andere zu befähigen, ihre Kräfte zu entfalten. Kannst du dir vorstellen, wozu Menschen fähig sind, wenn sie an sich glauben?

Oft schlummern unter der Oberfläche des Tagesgeschäfts ungenutzte Potenziale. Zu deinen Aufgaben als Führungspersönlichkeit gehört es, diese Potenziale zu entdecken und zu entwickeln. Wie das geht? Der folgende Fragenkatalog, den du für deine Mitarbeiter und für dich selbst verwenden kannst, hilft dir dabei:

Fragenkatalog: Potenziale ermitteln

- Welche Aufgaben/Prozesse hat der Mitarbeiter gut erledigt?
- Welche besonderen Fähigkeiten zeigte er dabei?
- Wie sollte sein Arbeitsfeld künftig aussehen, damit er diese Fähigkeiten noch besser einsetzen kann?
- Wo liegen deiner Meinung nach seine Stärken und Kompetenzen?
- Wie schätzt er selbst seine Stärken und Kompetenzen ein?
- Wie gut ist seine Selbstreflexion?
- Wie interessiert ist er an seiner Persönlichkeitsentwicklung?
- Wie ausgeprägt ist seine Willensstärke?
- Wo sieht er sich in fünf Jahren?
- Welche Wünsche und Ziele hat er?
- Was macht ihm richtig Spaß?

Auf dieser Basis könnt ihr gemeinsam an seiner Weiterentwicklung arbeiten. Wichtig hierbei ist, dass beide Seiten das gleiche Verständnis davon haben, wohin die Reise gehen soll. Dies könnt ihr zum Beispiel schriftlich festhalten, und es dient somit als Basis für die nächsten Absprachen auf diesem Weg (siehe Abschn. 4.4). Setzt gemeinsam Meilensteine für eine Zukunft, in der Potenziale nicht mehr verbrannt, sondern genutzt werden.

Ab auf die Spielwiese – Lernkultur fördern

„Das haben wir schon immer so gemacht!" Nach dem Motto wird in vielen Unternehmen gehandelt. Das scheint auf den ersten Blick vernünftig: Wenn sich etwas bewährt hat, warum sollte man davon abweichen und etwas Neues ausprobieren? Das mag eine Zeit lang funktionieren, doch langfristig führt diese Strategie aufs Abstellgleis. Wie sollen so Innovationen entstehen? Wer immer nur auf ausgetretenen Pfaden wandelt, entdeckt nie Neuland.

Unternehmen, die langfristig erfolgreich sind, entwickeln immer wieder frische Ideen, probieren neue Prozesse und Herangehensweisen aus. Sie sind innovativ und am Puls der Zeit. Das funktioniert nur, wenn Fehler erlaubt sind und „von oben" akzeptiert werden.

Thomas Alva Edison hat angeblich rund 9.500 Kohlefäden ausprobiert, bevor er die Glühbirne dauerhaft zum Leuchten brachte. (Scheucher 2014) Hätte er sich von den ersten 9.499 gescheiterten Versuchen abbringen lassen, säßen wir immer noch im Dunkeln. Leider sehen Führungskräfte das Ausprobieren und Lernen oft als Zeitfresser an. Dabei ist eine Lernkultur der Treibstoff für Innovationen.

Vorbild Vierbeiner

Ein Hund handelt nach dem Prinzip „Trial and Error". Er probiert verschiedene Dinge aus, bis der Erfolg – und mit ihm der Lerneffekt – eintritt. Hunde haben meist einen ausgeprägten Spieltrieb und sind deshalb sehr lernfähig und ausgesprochen lernbereit.

Bestrafung bei Fehlverhalten kommt im Hunderudel – wie generell in der Natur – kaum vor. Wenn es im Spiel mal zu wild zugeht, gibt es Konsequenzen im Rudel, doch die sind eher harmlos: Beim Schnauzgriff packt ein Hund die Schnauze des zu Bestrafenden (meist Welpen) von oben mit der eigenen Schnauze. Oder der „Regelbrecher" wird umgeworfen und am Boden gehalten. Bei beiden Möglichkeiten werden weder Schmerzen noch körperliche Schäden zugefügt. Keiner ist hier nachtragend, sondern es wird lediglich die Ordnung wieder hergestellt.

Was lässt sich daraus für den Führungsalltag ableiten? Als Führungs-persönlichkeit hast du es in der Hand, ob deine Mitarbeiter aus Angst vor dem Scheitern bei Schema F bleiben, oder ob sie Neues wagen. Wenn Fehler (zu krasse) negative Konsequenzen haben, ist damit niemandem geholfen. Hat der Hase Angst, ist er ein Angsthase. Er erstarrt – und nichts geht mehr. Die Lust am Lernen versiegt. Mitarbeiter sollen Fehler machen dürfen, denn Fehler sind Helfer. Vertausche mal die Buchstaben (siehe Abb. 3.1):

So etablierst du eine Lernkultur:

- Führe Zeiten ein, in denen sich die Mitarbeiter ausprobieren können. Sprich mit ihnen ab, welche Zeiten und Rahmenbedingungen sie sich dafür wünschen.
- Ermutige deine Mitarbeiter immer wieder zum Lernen und Kreativ-sein und stelle sicher, dass sie dazu ausreichend Gelegenheit haben.
- Wenn deine Mitarbeiter etwas Neues ausprobieren und dabei Fehler machen oder scheitern, fokussiert euch gemeinsam auf die Erkennt-nisse, die ihr dabei gewinnt.
- Berichte offen von eigenen Fehlern und was du daraus gelernt hast. So nimmst du den Teammitgliedern die Scheu vorm Scheitern.
- Gehe auch du neue Wege und probiere dich aus.
- Sei ein Vorbild im Lernen, indem du dich immer wieder mit anderen Führungspersönlichkeiten austauschst und selbst Seminare besuchst, die dich weiterbringen.

> Hunde haben alle guten Eigenschaften des Menschen, ohne gleichzeitig seine Fehler zu besitzen." *Friedrich II.* (Miller 2017)

Mit gutem Beispiel voran – Vorbild anstatt Abziehbild sein
Wer Wasser predigt und Wein trinkt, wird unglaubwürdig. Daher gilt im Führungsalltag: Sei in deinem Verhalten ein Vorbild. Denn wie kannst du etwas von deinen Mitarbeitern erwarten, wovon du keine Ahnung hast? Die folgenden Reflexionsfragen können dir dabei helfen.

Reflexionsfragen für dich

- Was bedeutet es für dich, Vorbild zu sein?
- Welche Vorbilder und Negativbeispiele hast du in Bezug auf Führung? Was hast du daraus gelernt?
- Wo kannst du deine Vorbildfunktion noch ausbauen?
- Wo bist du bereits ein gutes Vorbild?
- Welche Kompetenzen braucht ein Vorbild?
- Welche Kompetenzen hast du bereits?
- Welche Kompetenzen möchtest du weiter ausbauen?
- Wie ist die Lernkultur in deinem Unternehmen?

3.3.3 In Balance – Leadership braucht Selbstführung

Wer sich selbst führen kann, kann auch Mitarbeiter und Organisationen führen und Veränderungen meistern. Alle Ebenen bedingen einander und hängen zusammen, so entsteht eine Art Kreislauf wirksamer und erfolgreicher Führung.

Wenn ein Hundebesitzer unzuverlässig ist, sich widersprüchlich verhält und keine klaren Vorgaben machen kann, wird das Tier unsicher und verliert das Vertrauen in seinen Menschen. Wer seinen Vierbeiner liebt, übernimmt Führung – für das Tier und sich selbst. Leadership-Qualitäten erkennst du daran, dass sich jemand selbst führen kann.

Was braucht es deiner Meinung nach, damit sich Menschen gut selbst führen können? Wenn ich im Coaching diese Frage stelle, sind das die häufigsten Antworten:

- Verantwortung übernehmen
- Glücklich sein
- Vorbild sein
- Werte kennen und leben
- Klarheit in Denken und Handeln
- Ziele setzen und erreichen
- Disziplin
- Achtsamkeit

Reflexionsfragen für dich

- Inwiefern stimmst du dem zu?
- Welche Punkte gibt es zu ergänzen?
- Wie gut ist deine Selbstführung bereits?

Fragst du dich, …

- warum du es allen recht machen willst?
- weshalb du alles perfekt machen willst, anstatt mal fünf gerade sein zu lassen?
- wieso du Dinge immer sofort erledigst?
- warum es dir schwerfällt, nein zu sagen?
- weshalb du immer „den Starken markierst"?

Dann kann es an den inneren Antreibern (siehe Abb. 3.2) liegen (Resilienz Akademie o. J.). Das sind unbewusste Denk- und Kommunikationsmuster, die uns seit frühester Kindheit begleiten und die dafür sorgen, dass wir uns immer wieder auf eine bestimmte Art und Weise verhalten.

An sich sind die inneren Antreiber nichts Schlechtes: Wenn sie im richtigen Kontext zum Einsatz kommen, können sie zu echten Erfolgsfaktoren werden. Problematisch wird es allerdings, wenn sie dein Handeln unabhängig von der Situation steuern und keine alternativen Reaktionen zulassen.

Antreiber hängen zusammen mit den Bedürfnissen und Emotionen.

- *Beispiel 1: Mach es allen recht!*

  1. Es macht mir Stress, wenn ich im Teammeeting das Gefühl habe, dass nicht alle mit der Entscheidung zufrieden sind, weil ich es allen recht machen will.
  2. Es ist ein großartiges Gefühl, wenn ich im Teammeeting sitze und alle sind glücklich mit der Entscheidung.

Abb. 3.2 Fünf Antreiber

Bei 1 ist der Fokus innerlich auf Stress und bei 2 ist es eine Über-steuerung im Belohnungsnetzwerk. Es geht darum, Antreiber nicht auflösen zu wollen, sondern sie auszubalancieren.

- *Beispiel 2: Sei stark!*
  1. Was auf der einen Seite positiv ist, bedeutet auf der anderen Seite auch, dass du schwach sein kannst. Antreiber sind kontra-produktiv, wenn sie nur in eine Richtung gehen.
  2. Die Balance macht den Unterschied.

Reflexionsfrage für dich

Welche Antreiber steuern dein Verhalten?

Wenn du weißt, was dich antreibt, kannst du künftig daran arbeiten. Wann immer du dich dabei „ertappst", dass dein Verhalten von einem der inneren Antreiber gesteuert wird, kann dir die folgende Übung helfen.

Übung

Bevor du handelst, überlege dir, warum du so handeln möchtest: Entspricht die Handlung deinen Bedürfnissen? Oder folgst du einem inneren Antreiber, der dir womöglich nicht guttut?

- Was würde passieren, wenn du dem inneren Antreiber nicht nachgibst?
- Wie wirst du dich fühlen, wenn du dem Antreiber nachgegeben hast?
- Wie wirst du dich fühlen, wenn du dem Antreiber nicht nachgegeben hast?

3.3.4 Rundum fit – gesunde (Selbst-)Führung

Gesundheit ist eines der wichtigsten Güter der Menschen. Als Führungspersönlichkeit hast du großen Einfluss auf die (psychische) Gesundheit deiner Mitarbeiter. Klar: Du kannst nur so gesund führen, wie es die betrieblichen Rahmenbedingungen zulassen. Gemeinsam mit deinen Mitarbeitern, der Geschäftsleitung und der HR-Abteilung kannst du eine Menge bewegen. Deinen Körper zum Beispiel.

Zahlreiche Studien beweisen: Menschen, die von ihren Vorgesetzten sozial unterstützt werden, fühlen sich besser. Umgekehrt fühlen sich viele Menschen, die von ihren Führungskräften unter Druck gesetzt werden, gestresst. Sie werden langfristig krank. (DGUV 2014) Auch gute Arbeitsbedingungen und die Gestaltung des Arbeitsplatzes tragen zur Gesundheit der Beschäftigten bei.

Gesundheitsfördernden Maßnahmen am Arbeitsplatz sind zum *Beispiel*:

- ergonomische Büromöbel, die regelmäßig von Gesundheitsexperten an die Mitarbeiter angepasst werden
- Bürogestaltung, die Austausch und Rückzug gleichermaßen zulässt (kein Großraumbüro, sondern kleinere Arbeitsräume, zusätzliche Räume zum sozialen Austausch)
- Einhaltung von Pausenregelungen
- Sport- oder Entspannungsangebote
- richtige Beleuchtung

- Zimmerpflanzen für bessere Luftqualität
- gesunde Snacks (z. B. Obst)
- gesundes stilles Wasser
- Austausch darüber, was jeder Einzelne braucht, um sich selbst zu führen
- und vieles mehr

Gehörst du auch zu den Menschen, für die es nichts Schönere gibt, als mit einer Tüte Chips und einem Bier auf dem Sofa zu lümmeln und Fußball zu gucken? Das sei dir gegönnt! Pass trotzdem auf, dass du dich selbst gesund führst und den Sport nicht nur andere machen lässt. Denn damit tust du dir etwas Gutes und du lebst deine Vorbildrolle für deine Teammitglieder.

Hast du dir schon einmal überlegt, welchen Wert du dir selber beimisst? Wie viel gibst du zum Beispiel jährlich für Wartung und Instandhaltung deines Autos aus? Im Durchschnitt zahlt jeder Mensch pro Ölwechsel ca. 25 Euro pro Liter. Vermutlich betankst du dein Auto mit Super-Benzin, wenn das auf dem Tankdeckel steht, und nicht mit normalem Benzin. Wie teuer ist das Öl, das du zum Kochen und Braten verwendest? Und wie viel bist du dir selbst wert? Verstehst du, worauf ich hinauswill? Oft geben wir für unser Auto mehr aus als für uns selbst. Kann das richtig sein?

Good food bedeutet good mind! Ein klarer Geist und ein gesunder Körper brauchen mehr als Pizza, Pasta und Junkfood. Also achte auf Deine Ernährung sowie deine Bewegung und sorge dafür, dass du dir den richtigen Wert beimisst.

Reflexionsfragen für dich

- Welche weiteren gesundheitsfördernden Maßnahmen fallen dir ein?
- Welche könntest du in deinem Team einführen?
- Hast du deine Mitarbeiter gefragt, was sie sich in puncto (gesunder) Führung von dir wünschen?
- Wie gesund führst und ernährst du dich?
- An welcher Stelle darfst du es dir wert sein, mehr in dich zu investieren?
- Wo in deinem Leben braucht es mehr Bewegung?
- Welche Antreiber steuern deine Mitarbeiter?

3.4 Führungsstil – kurze Leine, lange Leine, ohne Leine

3.4.1 Eine Frage des Vertrauens

Viele Hundehalter wünschen sich, mit ihrem Hund ohne Leine zu laufen. Auch die meisten Hunde laufen am liebsten frei herum. Damit das Ganze nicht zum „lustigen" Fangspiel wird, ist Vertrauen erforderlich. Dieses Vertrauen entsteht kaum über Nacht. Es braucht Respekt, Grenzen und das entsprechende Mindset. Es braucht dafür eine längere Vorbereitungszeit, nach dem Motto: „Du erntest, was du säst." Der Hund muss genau wissen, was wichtig ist. Schließlich will er die Erwartungen erfüllen, die an ihn gestellt werden.

In der Hinsicht sind uns Hunde emotional sehr ähnlich. Sie wollen – genau wie wir – dazugehören und gemocht werden. Für einen Freilauf braucht es ein akustisches oder körpersprachliches Signal (z. B. „Bleib!"), ansonsten kann es passieren, dass der Hund losrennt, sobald die Leine abgenommen wird. Wer nicht ganz darauf vertraut, dass sich „Fiffi" auch dann wie gewünscht verhält, wenn ein Hase oder ein anderer Hund in der Nähe ist, greift zur langen Leine. Sie lässt dem Vierbeiner genug Freiraum, um sich nach Belieben zu bewegen. Zugleich hat der Mensch die Sicherheit, dass der Hund notfalls mit der Leine zurückgeholt werden kann.

Je weniger Vertrauen Hundehalter in ihre Vierbeiner haben, desto kürzer wird die Leine. Manchmal beobachte ich Menschen, die ihren Hund schon fast erwürgen, wenn sie mir entgegenkommen – aus Angst, die Kontrolle über ihn zu verlieren. Unter Umständen ist der Hund für eine gewisse Zeit mit der kurzen Leine einverstanden. Im Straßenverkehr beispielsweise, wo Gefahren lauern und viel Stress aufkommt, verspricht die kurze Leine Sicherheit. Auf Dauer entsteht so keine gute Partnerschaft.

Was für Hunde gilt, gilt auch für die Führung von Mitarbeitern. Je mehr Vertrauen, desto mehr Freiraum. Wie führst du deine Mitarbeiter?

Vorbild Vierbeiner

Hunde sind vertrauensvolle Wesen. Sie vertrauen sich selbst, ihren Artgenossen und den Menschen. Das Vertrauen im Rudel bildet die Basis des
Zusammenlebens. Sie respektieren sich gegenseitig, kennen die Grenzen,
die Bedürfnisse und die Fähigkeiten des anderen. Im Rudel muss Verlass
auf den anderen sein, und dieses Vertrauen sorgt in der Gemeinschaft
eines Hunderudels fürs Überleben.

Führen ohne Leine

Führungspersönlichkeiten, die ohne Leine führen, vertrauen ihren Mitarbeitern. Die Vision und der Sinn – also das „Warum" des Unternehmens (siehe Kap. 6) – sind klar und die Mitarbeiter entscheiden, wie
sie diese erreichen. Etappenziele setzen sie sich selbst. Dadurch wird ihr
Selbstvertrauen gestärkt. Hier gilt eine Kultur der Eigenverantwortung,
Mitarbeiter werden inspiriert und genießen größtmögliche Freiheit.
Erfolge werden gemeinsam gefeiert. Der Vorteil für dich als Führungspersönlichkeit: Es entstehen mehr neue Ideen und Ansätze, als es „mit
Leine" möglich wäre. Zudem kannst du deine Energie in andere Dinge

investieren und die neu gewonnene Freiheit genießen. Wer loslässt, hat die Hände frei. Das gelingt jedoch nur, wenn bestimmte Voraussetzungen gegeben sind:

- Es braucht ein Commitment, bevor es in die komplette Freiheit geht.
- Es ist wichtig, sich auf den anderen verlassen zu können.
- Die Mitarbeiter brauchen Sicherheit in dem, was sie tun, sonst wird die Freiheit zum Stressfaktor.
- Vor allem braucht es gegenseitiges Vertrauen.
- Weg vom Denken „Wissen ist Macht" zu totaler Transparenz.
- Es braucht Verbindlichkeit statt Willkür.
- Es geht nicht um Demotivation, es geht um Emotion.
- Es geht nicht um Ellenbogen, es geht um Augenhöhe.

Führen mit langer Leine

Beim Führen mit langer Leine gibt es stets Zielvorgaben. Die Führung gesteht den Mitarbeitern zu, Dinge auszuprobieren. Sie überprüft regelmäßig, ob die Ziele erreicht werden. Der Entscheidungsspielraum der Teammitglieder ist hier eingeschränkter als bei der Führung ohne

Leine, jedoch in gewissem Maß vorhanden. Bei dieser Führung fühlen sich Mitarbeiter wohl, denen es genügt, einen gewissen Spielraum zu haben. Mitarbeiter, die sich wirklich weiterentwickeln wollen, werden sich zu Führungspersönlichkeiten (siehe Abschn. 3.3) hingezogen fühlen, die ohne Leine führen.

Führen mit kurzer Leine

Ich erlebe oft in Unternehmen, dass Mitarbeiter an einer sehr kurzen Leine geführt werden. Hier gibt es klare Vorgaben und die Führungskraft überwacht jeden Schritt der Beschäftigten. Etwa aus Angst, dass der Mitarbeiter ihn in die Wade beißt oder ihn ans Bein pinkelt? Mit kurzer Leine führen Führungskräfte, die wenig Vertrauen in sich und ihre Mitarbeiter haben. Durch die Kontrolle wägen sie sich in Sicherheit. Das Problem: Bei diesem Führungsverhalten sind die Teammitglieder Mitarbeiter, jedoch keine Mitdenker. Die Motivation wird auf Dauer sinken und die Mitarbeiter machen nur noch Dienst nach Vorschrift.

Wie bei Hunden im Straßenverkehr kann die Führung an kurzer Leine manchmal nötig sein – etwa, wenn Einsparungen vorgenommen werden müssen. Denn in unübersichtlichen Situationen braucht es jemanden, der den Überblick hat und behält. Um Unmut und/oder Unverständnis gar nicht erst aufkommen zu lassen, ist es wichtig, zu erklären, warum kurzfristig per kurzer Leine geführt wird. Vielen Mitarbeitern geht es wie Hunden: Sie möchten am liebsten ohne Leine geführt werden. Allerdings gibt es Ausnahmen.

Was ist, wenn sich der Mitarbeiter die Leine wünscht? Hier gilt es herauszufinden, woran das liegt. Hat er in der Vergangenheit nur diese Art von Führung erlebt? Ist er von sich aus risikoscheu oder ängstlich angelegt? Das lässt sich in einem ehrlichen Gespräch klären. Anschließend könnt ihr entscheiden, wie ihr weiter vorgeht und welche Möglichkeiten es gibt.

Du kannst dir folgende Fragen stellen:

- Ist das ein Mitarbeiter, der dir auf Dauer in dieser Position hilft?
- Besteht die Möglichkeit, seine Eigenverantwortung zu stärken?
- Gibt es eine Möglichkeit, ihn anderweitig einzusetzen?

Falls du alle drei Fragen mit „Nein" beantwortest, wird die Konsequenz wohl sein, dass du dich früher oder später von ihm trennen wirst.

Ein *Beispiel* aus dem Alltag: Ein älterer Mitarbeiter kommt mit den gerade neu eingeführten Prozessen nicht klar. In anderen Bereichen ist er jedoch absolut zuverlässig und wertvoll. Jetzt ist dein Fingerspitzengefühl gefragt: Führe ein echtes Gespräch mit ihm, um herauszufinden, ob er diese Situation dauerhaft mit kurzer Leine meistern kann. Gibt es alternativ Möglichkeiten, ihn gemäß seiner Stärken anderweitig einzusetzen? Oder ist nur eine Entlassung möglich?

Der Extremfall: Stachelhalsband und Elektroschocker
Verführerischer Kaninchenduft liegt in der Luft. Er wabert durch den Park und erreicht schließlich die Nase des Hundes. Der verspürt sofort den Drang, das Leckerli auf vier Beinen zu jagen – und los geht's. Wenn ein Hund kein Alternativverhalten zum Jagen beigebracht bekommen hat, kann er gar nicht anders, als seinen Instinkten zu folgen. Manche Hundebesitzer greifen dann aus purer Verzweiflung zu krassen und verbotenen

Mitteln wie Stachelhalsband oder Elektroschocker. Doch das Problem befindet sich meist am zweibeinigen Ende der Leine, beim Menschen.

Die Folge: Der Hund verliert langfristig das Vertrauen in seinen Menschen oder in sich selbst. Außerdem folgt er auch dann noch seinem Jagdinstinkt, wenn sein Hals vom Stachelhalsband blutig gescheuert ist. Denn woher soll er wissen, dass sein Verhalten unerwünscht ist? Wenn ein Hund eine Verhaltenskorrektur braucht, ist es wichtig, ihm zu zeigen, was die gewünschte Alternative ist. Kleine Schritte sind entscheidend. Er braucht eine Alternative und eine klare Ansage, was von ihm erwartet wird. Erst wenn ich mich auf den Hund einlasse und kleine Fortschritte festige, kann ich weitere Entwicklungsschritte mit ihm gehen.

Mitarbeiter tragen zwar keine Stachelhalsbänder und sie erhalten auch keine Elektroschocks, doch es gibt Situationen, in denen sie sich so fühlen können:

- im schlimmsten Fall, wenn sie gemobbt werden,
- wenn Vorgesetzte sie regelmäßig unter Druck setzen,
- wenn ihr Verhalten oder ihre Arbeitsweise geringgeschätzt werden,
- wenn sie als Mensch nicht ernst genommen werden.

Das sind Punkte, die zu Fehlzeiten, schlechtem Betriebsklima und zu Fluktuation führen. Dann braucht es von beiden Seiten ein anderes Verhalten, das gemeinsam in kleinen Schritten erlernt wird. Vertrauen ist die wichtige Basis dafür.

Reflexionsfragen für dich

- Wie führst du? Mit langer Leine, mit kurzer Leine, ohne Leine?
- Wie willst du in Zukunft führen?
- Was wünschen sich deine Mitarbeiter?

3.4.2 Wie lässt sich (Selbst-)Vertrauen in Unternehmen aufbauen?

Vertrauen ist die Basis guter Zusammenarbeit. Wenn wir anderen vertrauen, vertrauen andere uns ebenfalls. Das macht uns authentisch und glaubwürdig, weil wir uns anderen gegenüber öffnen. Das Wort „trauen" bedeutet unter anderem „Glauben schenken". Wenn du an andere glaubst, wird Vertrauen möglich. Und es gibt einen positiven Nebeneffekt: Wenn du anderen vertraust, Dinge zu tun, brauchst du sie künftig nicht mehr zu erledigen und schenkst dir selbst Freiheit. Der Wunsch nach einer vertrauensvollen Unternehmenskultur herrscht meist dort, wo immer noch Konkurrenzdenken, Machtspielchen, Schuldzuweisungen und versteckte Feindseligkeiten vorzufinden sind. Mitarbeiter sind nicht Kostenstellen mit einer Personalnummer – denn Menschen erreichen die Erfolge. Dafür braucht es Vertrauen in die Führung – und vor allem in dich. Die Essenz sind intakte und tragfähige Beziehungen. Auf dieser Basis kann Vertrauen wachsen. Als Führungspersönlichkeit ist es wichtig, Vertrauensvorschuss zu geben.

Tipps, wie du Vertrauen aufbauen kannst:

- Kommunikation schafft die Basis für Vertrauen. Es braucht offene und ehrliche Gespräche.
- Sei du selbst, sei authentisch!
- Ehrlichkeit ist ein weiterer wichtiger Faktor. Sprich aus, was du glaubst, denkst und fühlst – auf wertschätzender Basis.
- Sieh Fehler als Helfer an.
- Halte Versprechen und Zusagen verbindlich ein.

Vertrau dir selbst, dann vertrauen dir die anderen!
Eine wichtige Basis für Vertrauen ist Selbstvertrauen, der Glaube an die eigenen Fähigkeiten. Erst wenn wir uns selbst vertrauen, können wir anderen Menschen vertrauen. Hierfür braucht es die Bewusstheit darüber, worin unsere Stärken liegen. Selbstvertrauen ist die Basis von (Selbst-)Führung.

Meiner Erfahrung nach haben gerade junge Führungskräfte wenig Selbstvertrauen, weil sie z. B.

- nicht auf die Rolle vorbereitet wurden, etwa in Form von Seminaren und Führungsgrundlagen,
- zwar gute Fachkräfte sind, doch keine Führungskompetenz haben und diese Position vielleicht gar nicht ihre Intention war,-unsicher gegenüber erfahreneren Mitarbeitern sind.
- Angst vorm scheitern haben.

Was kannst du tun, um mehr Selbstvertrauen zu erlangen?

- Finde deine Stärken heraus. Beantworte dazu die Reflexionsfragen zu deinen Stärken. Gleiche deine Antworten mit denen deiner Freunde ab und finde heraus, ob Selbst- und Fremdwahrnehmung übereinstimmen.
- Definiere deine Werte (siehe Abschn. 5.1).
- Notiere, was du an dir schätzt (siehe Reflexionsfragen zu deinen Stärken).
- Stelle dich deinen Ängsten und verlasse die Komfortzone.
- Schreibe die Erfolgserlebnisse in deinem Leben auf.
- Verabschiede dich von schlechten Gewohnheiten und probiere neue Dinge aus. Was möchtest du heute, diese Woche, diesen Monat ausprobieren?
- Vergleiche dich nicht mit anderen.
- Überprüfe dein Mindset und deine Glaubenssätze (siehe Abschn. 5.3).

Reflexionsfragen für dich

- Was sind deine Stärken?
- Welche Stärken schreiben dir deine Freunde zu?
- Wo gibt es Überschneidungen?
- An welcher Stelle warst du überrascht über das, was deine Freunde dir zuschreiben?
- Wann und wo vertraust du dir?

3.5   Führung auf Distanz – ist Homeoffice the New Normal?

Beim Führen auf Distanz geht es darum, das große Ganze im Blick zu behalten: deine Mitarbeiter, die Ergebnisse und vor allem dich selbst. Das gilt für alle Teams gleichermaßen – egal, ob du Teams führst, die räumlich verstreut sind, in anderen Ländern arbeiten oder sich im Homeoffice befinden.

Die Arbeit im Homeoffice bietet Chancen für die Vereinbarkeit von Beruf und Familie, sie erlaubt eine flexible Arbeitszeitgestaltung und reduziert lästige Pendelzeiten auf ein Minimum. Trotzdem birgt sie auch Gefahren: Was im Dialog schon nicht einfach ist, wenn verschiedene Charaktere und Meinungen aufeinandertreffen, wird bei schriftlicher Kommunikation noch um einiges schwieriger. Dort fallen sämtliche nonverbalen (z. B. Gestik, Mimik, Körperhaltung) und paraverbalen Signale (z. B. Stimmlage, Tonfall, Lautstärke, Sprechtempo) weg. Deshalb ist ein persönliches Gespräch einem Telefonat und ein Telefonat einer E-Mail vorzuziehen. Doch nicht immer ist persönliche Face-to-Face-Kommunikation möglich.

Die Corona-Krise hat die Herausforderungen von Führung auf Distanz verdeutlicht, als viele Menschen ohne Vorwarnung ins Homeoffice katapultiert wurden. Wird das die neue Normalität? Bei vielen ist der Wunsch nach Homeoffice da, jedoch nicht dauerhaft. Ich höre inzwischen oft von Vereinsamung und Schlabberlook. Die Kamera ist ja sowieso aus, also kann ich ungeschminkt und in Trainingshose dasitzen oder lediglich ein schickes Oberteil tragen, wenn die Kamera an ist. Hier darf ich dann nur nicht vergessen, sitzen zu bleiben. Denn wenn ich aufstehe und meine Pyjamahose trage, wenn die Kamera noch an ist, wird es peinlich.

Ein Tipp: Gönne dir ein angemessenes Outfit, auch wenn dich keiner sieht. Schlabberkleider wirken sich auf Dauer negativ auf das Selbstbewusstsein aus. Falls du doch die Kamera schnell einschalten musst, entsteht kein Stress. Außerdem kann der Wechsel des Outfits nach Feierabend ein gutes Signal sein, vom Arbeits- in den Freizeitmodus zu wechseln.

Hunde hätten keine Lust, im Homeoffice zu vereinsamen! Allerdings freuen sich die meisten Hunde, die bislang nicht mit ins Unternehmen genommen werden durften, wenn Frauchen oder Herrchen jetzt zu Hause sitzen.

In Online-Face-to-Face-Settings kann man den anderen zwar sehen und hören, doch viele Menschen schalten die Kamera ab und/oder fühlen sich vor „Big Brother" gehemmt. In Video-Teamkonferenzen liegt die Hemmschwelle dementsprechend höher als im persönlichen Gespräch, unangenehme oder (vermeintlich) peinliche Dinge anzusprechen. Im Büroalltag können Probleme diskret in einem Vier-Augen-Gespräch geklärt werden, ohne dass es alle mitbekommen. Bei Online-Settings, die in der Regel als Gruppen-Meeting angelegt sind, bekommen alle alles mit. So kommen echte Gespräche zu kurz.

Auch der scheinbar unwichtige Smalltalk in Teeküche und Co. fällt weg, der für die Motivation (siehe Abschn. 4.2.4) und den Zusammenhalt im Team so wichtig ist. Manche Mitarbeiter sind mit dieser „Remote-Situation" komplett überfordert, weil sie sich nicht trauen, offen zu reden. Zudem fehlen im Homeoffice oft Struktur und Organisation. So braucht das Führungsteam höchste Sensibilität in der Früherkennung von Reiberein und Konflikten. Hier sind Vorsicht und Achtsamkeit angebracht, damit sich nicht Dienst nach Vorschrift und Demotivation einschleichen.

Wenn alle neu im Homeoffice sind, wird erst einmal versucht, einander bestmöglich zu unterstützen. Dadurch kann sich das Zusammengehörigkeitsgefühl zunächst verstärken. Doch dieser positive Effekt hält nicht lange an. Schon bald lässt die gegenseitige Unterstützung nach.

Während Beschäftigte, die eine kurze Leine brauchen, zu Hause eher in den „Dienst-nach-Vorschrift-Modus" verfallen, reiben sich die besonders engagierten Teammitglieder im Homeoffice tendenziell noch mehr auf als im Büro. Durch die erschwerte Kommunikation entstehen leicht Konflikte, die nicht immer von allen Beteiligten bemerkt werden. Spitzfindigkeiten und Konflikte können beim Kaffeeklatsch früher erkannt werden als im Remote-Setting. Bestehende Konflikte werden remote erst recht nicht geklärt und brodeln latent weiter.

Vorgesetzte, die mit kurzer Leine führen, fürchten oft, dass die Mitarbeiter im Homeoffice eine ruhige Kugel schieben, anstatt sich für das Unternehmen ins Zeug zu legen. Sie beklagen dann die fehlende Kontrolle über die Beschäftigten. In manchen Fällen kann es so aussehen: Der Laptop wird hochgefahren und schon ploppt der Chat auf. Der Chef wünscht guten Morgen, dann erkundigt er sich nach dem aktuellen Projektstand und bis zur Mittagspause folgen Online-Meetings, Anrufe und Mails, oft mit nur vorgeschobenen Fragen, um den Mitarbeiter zu kontrollieren. Diese Szenarien können psychisch belasten, wenn der Mitarbeiter das Gefühl hat, dass ihm der Chef im Nacken sitzt. Es geht die Angst herum, dass die Tastaturanschläge sowie die Mausklicks gezählt werden. Oder dass andere Systeme im Einsatz sind, die bereits nach fünf Minuten fehlender Aktivität am PC den Arbeitsplatz auf inaktiv setzen.

Selbst für Führungspersönlichkeiten, die ohne Leine führen, ist es in Remote-Settings herausfordernd, das Team zusammenzuhalten und auf die diversen Bedürfnisse der einzelnen Mitarbeiter einzugehen. Dieser virtuelle Rahmen wird dauerhaft schwierig sein für echte Verbindungen. Vieles ist sicherlich sinnvoll, um Zeit und Ressourcen zu sparen und in einigen Unternehmen längst überfällig. Als Dauerzustand jedoch kann es zur Vereinsamung der Menschen führen. Es wird für dich und dein Team wichtig sein, eine gute Balance zu finden.

Was kannst du tun?

- Finde in einem ehrlichen Gespräch heraus, ob dein Mitarbeiter sich selbst gut gerüstet sieht fürs Homeoffice: Hat er die nötige Ausstattung, Disziplin und eine arbeitsfördernde Umgebung?
- Versuche, mit deinen Mitarbeitern online wirklich zu kommunizieren. Sprich mit ihnen über deine Befürchtungen, beispielsweise dass du Angst hast, nicht zu merken, wie es ihnen wirklich geht.
- Notiere dir Beobachtungen im Online-Meeting, wenn dir etwas „komisch" vorkommt (das typische Bauchgefühl) und sprich es an.
- Vermittle deinen Mitarbeitern, dass es völlig in Ordnung ist, die Spülmaschine zwischendurch auszuräumen, und wenn es der Job zulässt, sich die Arbeitszeit selbst einzuteilen.

- Ermuntere sie, neben den Teammeetings in Kontakt zu bleiben. Einzelgespräche lassen sich telefonisch oder per Videocall führen und tun gut. Ermutige dein Team, sich gerne nach dem Teammeeting mit dir in Verbindung zu setzen, falls es Dinge gibt, die im Teammeeting nicht gesagt wurden und die dennoch wichtig sind.
- Etabliere regelmäßige Coffee-Talks, Digital-Lunch oder ein virtuelles Feierabendbier (oder Feierabend-Alternativgetränk) mit deinen Mitarbeitern. In einer entspannten Kaffeepause oder Afterwork-Unterhaltung fällt es deinen Mitarbeitern leichter, sich zu öffnen und über Dinge zu sprechen, die nicht arbeitsbezogen sind.
- Nutze virtuellen Möglichkeiten, gemeinsam im Team etwas zu erreichen wie z. B. virtueller Escape Room oder Ähnliches, um den Zusammenhalt über die Distanz zu bewahren.

Vorbild Vierbeiner

Je nach Rasse wollen Hunde unterschiedlich geführt werden. Manche Hunde sind dafür geschaffen, auf Distanz geführt zu werden, beispielsweise Border Collie und Australian Shepherd. Sie können mit Pfiffen dirigiert werden, machen das gerne und gut, sind lernwillig und treiben die Schafherde nach verschiedenen Anweisungen zusammen. Australian Shepherds gelten derzeit als Modehunde und werden oft in kleinen Wohnungen gehalten. Doch dafür sind sie nicht gezüchtet und können dadurch verhaltensauffällig werden.

Anders dagegen meine Lieblingsrasse, die Labradore. Die Rasse wurde zum Apportieren gezüchtet und bringt Menschen gerne Dinge zurück. Sie mögen Nähe, Körperlichkeit und Sichtkontakt. Wenn sie etwas tun, wollen sie direkt sehen: „Mache ich das richtig?" Hier benötigt es eine andere Art der Führung als bei klassischen Hütehunden wie Border Collies oder Australian Shepherds.

Im Hundetraining kann auf Distanz gearbeitet werden. Ein „Klicker" liefert bei größerem Abstand ein akustisches Signal, das als positive Verstärkung wirkt. Bei einem Hund, der direkt neben mir ist, kann ein lobendes „Fein!" oder ein entsprechender Gesichtsausdruck motivieren.

Hunde wie Menschen sollten nach ihren Fähigkeiten und Stärken eingesetzt werden. Wenn jemand nicht fürs Homeoffice geschaffen ist, wird er auf Dauer in diesem Setting unzufrieden – für euch beide entstehen Probleme.

Wie bei Hunden braucht es je nach Distanz andere Tools bzw. Signale. Einige Tipps zur Führung auf Distanz:

- Beherzige die Grundlagen der Führung sowie der Kommunikation, wie du sie hier im Buch findest.
- Stelle dein Mindset auf die neuen Herausforderungen ein.
- Schaffe die Infrastruktur, damit das Arbeiten in virtuellen Teams gut funktioniert.
- Erweitere deine Medienkompetenz, damit du im Umgang mit Videokonferenzen, Chats usw. sicher bist.
- Klare Regeln sind bei Führung auf Distanz noch wichtiger. Es braucht klare Dos und Don'ts.
- Stellt gemeinsam Kommunikationsregeln auf und klärt, welche Kanäle bevorzugt genutzt werden sollen.
- Besprich herausfordernde Themen idealerweise per Online-Video, damit du die Mimik deines Gegenübers siehst und somit zwischen den Zeilen lesen kannst.
- Habe Vertrauen und gewähre Vertrauensvorschuss.
- Fördere die Interaktionen im Team. Ermutige die Mitarbeiter, über die Arbeit hinaus zu kommunizieren. Oft entstehen hier neue Ideen.
- Offen ausgedrückte Wertschätzung ist hier noch wichtiger als im Büro-Setting, da das Feedback der Kollegen oft fehlt.
- Unterstütze unsichere Mitarbeiter, indem du sie ermutigst und befähigst.
- Sei offen für die verschiedenen Kulturen deiner Mitarbeiter, wenn diese über den Kontinent verteilt sind.

Reflexionsfragen für dich

- Klicker oder „Fein!": Wie führst du auf Distanz?
- Wie möchtest du zukünftig auf Distanz führen?
- Wie gut kümmerst du dich um dich selbst?
- Was brauchst du dazu?
- Wünschen sich deine Mitarbeiter, auf Distanz geführt zu werden? Was brauchen sie dafür von dir?
- Welche neuen Dinge kannst du etablieren?

3.6   Frauen in Führung – Gender Balance erfordert neues Denken!

@Liebe Männer, ihr dürft hier durchaus weiterlesen. Denn Deutschland ist Schlusslicht beim Frauenanteil im Topmanagement. Im Vergleich zu Frankreich, Großbritannien, Polen, Schweden und den USA sind in deutschen Börsenunternehmen die wenigsten Frauen im Topmanagement. Die USA und Schweden haben in der Vorstandsebene sogar doppelt so viele Frauen wie in Deutschland. (AllBright 2018) Der Frauenanteil in den Vorständen der 160 deutschen Börsenunternehmen beträgt 8,8 % – und das, obwohl 30 % der Aufsichtsratsmitglieder Frauen sind. Zahlreiche Aufsichtsräte haben sich das Ziel „Null Frauen" für den Vorstand gesetzt (AllBright 2019). Meine langjährige Erfahrung im internationalen Vertrieb bestätigt diese Zahlen. Gerade in Skandinavien durfte ich Frauen an der Führungsspitze erleben, so wie es die Zahlen oben bestätigen. Beschämend ist, dass wir im Jahr 2021 eine Frauenquote per Gesetz brauchen, wo es doch um Qualifikation und nicht um Geschlecht geht.

@Liebe Frau, wenn du das jetzt liest, dann ist es an der Zeit, mehr Führung zu übernehmen: die sogenannte Glasdecke zu durchbrechen und gleichwertige Spitzenpositionen einzunehmen wie Männer. In vielen Unternehmen haben wir starke Männer, doch leider fehlt das weibliche Pendant. Ein *Beispiel*:

Ein TED Talk von Sheryl Sandberg (2010) zeigte auf, warum wir zu wenige weibliche Führungskräfte haben. Dort erzählt sie von einem Experiment der Harvard Business School. Ein berührender Talk, schau ihn dir gerne an! (Sandberg 2010) *Es handelt sich um den Lebenslauf von Heidi Roizen, einer Risikokapitalgeberin aus dem Silicon Valley, der an zwei Gruppen von Psychologiestudenten gegeben wurde. Einmal stand der richtige Name auf dem Lebenslauf und einmal wurde aus Heidi ein Howard. Das Ziel war herauszufinden, ob Mann oder Frau bei gleicher Qualifikation bevorzugt wird. Die Studenten sollten die Person bewerten: Die fachliche Kompetenz von Heidi und Howard wurde von den Studenten gleichwertig eingeschätzt. So weit, so gut. Doch auf der persönlichen Ebene sah das Ergebnis erschreckend aus! Gefragt nach dem Grad der Sympathie befanden die Studenten: Heidi ist bemüht und etwas politisch. Es ist fraglich, ob man für sie arbeiten möchte. Howard dagegen wurde als ein toller Typ angesehen, für den man arbeiten will und mit dem man gerne angeln geht. Hier wird deutlich, was das Denken ausmacht.*

Denken und Handeln sind gleichermaßen gefragt. Es braucht Frauen in Führungspositionen und gleiche Bezahlung von Frau und Mann für die gleiche Arbeit. Ein Sahnehäubchen für die Frauen – hier ein paar zusätzliche Erfolgstipps für die Leserinnen unter euch:

- Bleibe feminin.
- Stelle dein Licht nicht unter den Scheffel.
- Frage dich, ob du die x-te Weiterbildung wirklich brauchst.
- Verhandle geschickt und lasse dich nicht unterbuttern.
- Trainiere dein Growth-Mindset (siehe Abschn. 5.3).
- Höre auf, dich mit Männern zu vergleichen. Es gibt sicher Eigenschaften, die du an Männern bewunderst, die auch in dir schlummern.
- Wenn du Mutter werden willst, ist das kein Grund, auf der Karriereleiter stehen zu bleiben. Wenn du wirklich klettern willst, wirst du einen Weg finden, beides zu vereinen.
- Nett war gestern. Frech ist das neue Nett!
- Schaffe dir Netzwerke – teile, kooperiere und du wirst mehr ernten.

Vorbild Vierbeiner

Eine Hündin, die Welpen hat, ist für die Aufzucht verantwortlich und verschmilzt förmlich mit dem Team. Sie verteidigt und schützt sie. Genau diese Qualitäten brauchen wir in Unternehmen, damit mehr Menschlichkeit ins Arbeitsleben kommt.

Wenn die Unternehmenskultur (siehe Kap. 6) auf ein neues Level gebracht werden soll, ist Gender Diversity ein wichtiger Faktor. Es braucht beide Seiten, sowohl männlich als auch weiblich, wie Yin und Yang.

Reflexionsfragen für dich

- An die Leserinnen: Welche Erfolgstipps wirst du umsetzen?
- An die männlichen Leser: Was möchtest du tun, um dich für Frauenförderung in deinem Unternehmen einzusetzen?
- Wie sieht die Quote in deinem Unternehmen aus?

3.7   Wenn der Mitarbeiter bellt

Jetzt hast du in deinem Führungsalltag schon einiges erlebt und kennst die Situationen, in denen du am liebsten alles hinschmeißen möchtest. Du hast aus deiner Sicht alles getan, um die Mitarbeiter glücklich zu machen, und sie bellen trotzdem. Das Wichtigste ist, nicht alles persönlich zu nehmen und vor allem nicht in Rechtfertigung zu verfallen. Gerade junge Führungskräfte, nehmen häufig Aussagen oder Handlungen persönlich und beginnen dann, an sich zu zweifeln. *Beispiel gefällig?*

Nehmen wir einmal an, du willst ein neues Team zusammenstellen und hast ein grandioses Event vorbereitet, mit Übernachtung im schicken Hotel, Wanderung und einer Teambuilding-Maßnahme mit Hund. Ganz stolz stellst du es deinem Team vor: Acht sind hellauf begeistert, zweien fällt die Kinnlade herunter und sie sagen, darauf haben sie keinen Bock. Du beginnst, im Team zu diskutieren, weil du persönlich enttäuscht und möglicherweise traurig bist. Das ist nicht zielführend und macht die Situation nicht besser. Bedanke dich in solch einer Situation für das Feedback und gib zu verstehen, dass du darauf zurückkommen wirst.

Hier ist wichtig, zu verstehen, was die Reaktion der zwei wenig Begeisterten ausgelöst hat. Es muss nicht sein, dass sie keine Lust auf die Veranstaltung haben. Möglich wäre auch, dass sie in der Situation so überrascht sind und sich möglicherweise fragen, wer in dieser Zeit auf die Kinder aufpasst. Hier möchte ich dich auf das Eisbergmodell in Abschn. 4.2 hinweisen. Denn was unter der Oberfläche ist, sehen wir oft nicht. Dadurch bekommen wir Dinge in „den falschen Hals".

> **Reflexionsfragen für dich**
>
> - Wo bellen deine Mitarbeiter?
> - Wie bist du bisher damit umgegangen?

Literatur

AllBright (2018) Schlusslicht Deutschland. Konzerne weltweit holen mehr Frauen ins Top-Management. https://www.allbright-stiftung.de/s/AllBrightBericht_Mai2018.pdf. Zugegriffen: 17. Dez. 2020

AllBright (2019) Die Macht hinter den Kulissen. Warum Aufsichtsräte keine Frauen in die Vorstände bringen. https://www.allbright-stiftung.de/s/AllBrightBericht_April_2019.pdf. Zugegriffen: 17. Dez. 2020

Deutsche Gesetzliche Unfallversicherung (DGUV) (2014) Fachkonzept. Führung und psychische Gesundheit. Berlin

Gabler Wirtschaftslexikon (o. J.) https://wirtschaftslexikon.gabler.de/definition/management-37609. Zugegriffen: 03. Dezember 2020

leadershipjournal.de (o. J.) https://www.leadershipjournal.de/zitate-fuehrung/. Zugegriffen: 03. Dezember 2020

Miller AC (2017) Die Hundeforscherin: Erinnerungen an Biko und eine wundervolle Freundschaft. Books on Demand. Norderstedt

Resilienz Akademie (o. J.) Innere Antreiber – Stress erkennen und lösen. https://www.resilienz-akademie.com/innere-antreiber/. Zugegriffen: 03. Dez. 2020

Sandberg S (2010) Warum wir zu wenige weibliche Führungskräfte haben. https://www.ted.com/talks/sheryl_sandberg_why_we_have_too_few_women_leaders?language=de Zugegriffen: 28. März 2021

Scheucher G (2014) Kernkompetenz Scheitern. So lange zündeln, bis der Funke kommt. https://www.spiegel.de/karriere/erfindungen-gelingen-nur-durch-mut-zum-scheitern-a-932332.html. Zugegriffen: 3. Dez. 2020

StepStone (2020) https://www.stepstone.de/ueber-stepstone/press/vom-mit-arbeiter-zum-chef/. Zugegriffen: 3. Dez. 2020

4

Nehmt den Maulkorb ab! – Kommunikation beginnt im Kopf

Zusammenfassung

Sprichst du manchmal auch durch die Blume und hoffst, dass dein Gegenüber versteht, was du willst? Wenn ja: Wie oft gelingt das? Vermutlich eher selten. In diesem Kapitel geht es um Kommunikation mit anderen: Wie können wir sicherstellen, dass uns unser Gesprächspartner wirklich versteht? Was macht Kommunikation auf Augenhöhe aus? Wie gelingen Mitarbeitergespräche und Meetings? Vorbild Vierbeiner zeigt, wie es geht! Kommunikation beginnt im Kopf. Deshalb geht es in diesem Kapitel auch um unsere Gedanken und Emotionen – darum, wie wir (unbewusste) Vorurteile loswerden, was guten Umgang miteinander ausmacht, welche Rolle Emotionen im Arbeitsalltag spielen und wie wir erkennen, was unser Gesprächspartner fühlt.

Eines ist klar: Ein offener Umgang mit Emotionen ist ein wichtiger Schritt in Richtung Menschlichkeit. Es geht darum, eigene Bedürfnisse zu erkennen und diese anzusprechen – und das ganz ohne Maulkorb.

Vorbild Vierbeiner

Hunde würden freiwillig keinen „kommunikativen Maulkorb" tragen – sie geben wertfreies Feedback und drücken aus, was sie möchten. Sie verstecken ihre Bedürfnisse nicht. Hunde möchten von Natur aus gerne mit

Menschen kooperieren und so entsteht im Training mit Hund eine Win-win-Situation. Der Hund ist Gefährte und Spiegelbild im Training. So haben Führungskräfte die Chance menschlicher zu werden und dadurch mehr Menschlichkeit ins Unternehmen zu bringen.

Sprichst du durch die Blume oder redest um den heißen Brei herum?
Ein *Beispiel* aus dem Alltag eines Paares:

Endlich ist der heiß ersehnte Feierabend in greifbarer Nähe. Der Mann freut sich auf seine Lieblingssendung oder das Fußballspiel im Fernsehen. Er macht es sich mit seinem Getränk auf der Couch bequem. Die Dame seines Herzens sitzt neben ihm.

Die Frau sagt: „Mir ist kalt!"

Der Mann denkt: „Jetzt muss ich wieder aufstehen und ihr die Decke holen." Um des lieben Friedens willen steht er auf, holt die Decke und bringt sie seiner Frau.

Die Frau schaut traurig.

Mann: „Was ist jetzt schon wieder?" Er versteht die Welt nicht mehr.

Die Frau denkt: „Ich würde mir so sehr wünschen, dass er mich in den Arm nimmt und mit mir kuschelt, damit es mir warm wird."

Was ist das Fazit? Beide sitzen nebeneinander frustriert da. Weil die Frau die eigenen Bedürfnisse nicht mitteilt und der Mann sie nicht erahnen kann.

Ein *Beispiel* aus dem Berufsleben:

Der Chef möchte einen besonders engagierten Mitarbeiter belohnen, indem er ihm ein neues, sehr anspruchsvolles und prestigeträchtiges Projekt überträgt. Er glaubt, er tue dem Mitarbeiter damit einen Gefallen.

Der Mitarbeiter ist überlastet und möchte nicht noch mehr Arbeit aufgebürdet bekommen. Doch er traut sich nicht, nein zu sagen, weil er den Chef nicht enttäuschen will. Er nimmt zögerlich an. Von Freude keine Spur. Der Chef ist enttäuscht, weil der Mitarbeiter nicht so begeistert reagiert, wie er dachte. Der Mitarbeiter ist frustriert, weil er sich überfordert und überlastet fühlt.

Beide meinen es gut und sind am Ende verstimmt. Das zeigt, wie wichtig klare Kommunikation ist und die eigenen Bedürfnisse mitzuteilen – anstatt um den heißen Brei zu reden oder durch die Blume zu sprechen. Nehmt den Maulkorb ab – und sprecht wirklich miteinander!

Das soll hier kein Kommunikationstraining sein. Ich möchte dich dennoch dafür sensibilisieren, wie wichtig Kommunikation für ein gelingendes Miteinander ist. Die Qualität unserer Kommunikation ist abhängig von dem Bewusstsein, wie wir miteinander sprechen: Wollen wir nur Smalltalk oder ein echtes Gespräch? Lassen wir Nähe zu oder wahren wir doch lieber die Distanz? Augenhöhe entsteht, wenn wir respektvoll und wertschätzend miteinander umgehen, anstatt von oben herab mit anderen zu sprechen (s. Abb. 4.1). Entscheidend ist die Bewusstheit darüber, welche Sprache wir sprechen! Sprache wirkt – immer. Du entscheidest, wie du wirken willst!

Dazu gehört unter anderem:

- echtes Interesse am Gegenüber
- um Verständigung bemüht sein
- andere ausreden lassen
- Killerphrasen vermeiden, z. B. „Das haben wir schon immer so gemacht"
- zugeben, wenn man etwas nicht weiß oder wenn man etwas falsch gemacht hat

Abb. 4.1 Wie Kommunikation auf Augenhöhe gelingt. (Mit freundlicher Genehmigung von © Lisa Doneff – Fotografie 2021. All Rights Reserved)

- den anderen nach seiner Meinung fragen und diese beherzigen
- besprechen statt bereden

Reflexionsfragen für dich

- Welche kommunikativen Herausforderungen gibt es in deinem Leben?
- An welchen Stellen möchtest du dein Kommunikationsverhalten überdenken?
- Was möchtest du beibehalten?

Die Ausnahme: Maulkorb statt Flurfunk

Freiwillig würde kein Hund einen Maulkorb tragen. In manchen Situationen ist es trotzdem erforderlich, etwa im öffentlichen Nahverkehr in Österreich. Wenn ein Maulkorb für spezielle Situationen gebraucht wird, ist es wichtig, diesen nicht einfach „überzustülpen", sondern langsam damit zu trainieren. Ansonsten entsteht ein Vertrauensverlust.

Selbst in Unternehmen kann ein Maulkorb kurzfristig legitim sein, wenn die Situation es erfordert. Was kann das sein? Etwa ein heikles Thema, das zunächst in der Vorstandsebene und danach mit der Führungsebene besprochen wird, bevor es allen Mitarbeitern mitgeteilt wird. Dann ist es ratsam, die Managementebenen kurzfristig um Stillschweigen zu bitten, ihnen sozusagen einen Maulkorb zu verpassen, damit keine Einzelheiten aus dem Zusammenhang gerissen oder noch unausgereifte Ideen per Flurfunk weiterverbreitet werden. Doch wie beim Hundetraining ist hier mit Maß und Ziel vorzugehen und den Maulkorb zu „trainieren". Konkret: klarstellen, warum bestimmte Informationen für wie lange unter Verschluss gehalten werden sollen.

Meine Empfehlung ist, solche Entscheidungen, die alle betreffen, zeitnah weiterzugeben. Denn meist sickert doch etwas durch, und am Ende kommt etwas ganz anderes bei den Beschäftigten an als das, was tatsächlich besprochen wurde. Das ist wie bei „stille Post".

Reflexionsfragen für dich

- Welche Situation in deinem Unternehmen könnte es geben, in denen die Maulkorbpflicht greift?
- Was braucht es deiner Meinung nach, damit der Maulkorb kurzfristig angenommen wird?
- Wie oft hast du selbst bisher einen Maulkorb getragen?
- Wo hast du noch den Maulkorb auf?
- Wann hast du deinen Mitarbeitern einen Maulkorb verpasst?

4.1 Ein Blick hinter den Maulkorb – Vorurteile loswerden

Stell dir vor, ich komme mit meinen Hunden zu dir. Sie tragen einen Maulkorb. Was denkst du? Die meisten Menschen denken: „Die sind gefährlich." Das ist es: Wir urteilen oft vorschnell. Denn oft steckt etwas ganz anderes hinter dem Maulkorb.

„Denken ist schwer, darum urteilen die meisten." (Carl Gustav Jung) (zitate.eu o. J.a)

Wir müssen jemanden nicht kennen, um uns ein Urteil über ihn zu bilden. Für den ersten Eindruck, ob uns jemand sympathisch oder unsympathisch ist, brauchen wir gerade einmal 13 Millisekunden (Keller 2020)! So schnell können wir gar kein Lächeln anknipsen und den Bauch einziehen. Wie tritt der andere auf: selbstbewusst oder zurückhaltend? Welche Kleidung trägt er? Wie wirken sein Gang, sein Händedruck, sein Gesichtsausdruck? All das spielt eine wesentliche Rolle bei der Beurteilung einer Person.

„Kleider machen Leute." Das wusste schon Gottfried Keller, der seine gleichnamige Novelle 1874 veröffentlichte (Keller 1991). Man könnte es abwandeln zu: „Kleider blenden Leute." Bist du schon einmal mit schmutzigen, zerrissenen Jeans in ein edles Möbelkaufhaus oder zur Bank gegangen? Vermutlich hat man dich ignoriert und die Kunden in Anzug oder Kostüm vorgezogen. Oder hast du schon einmal einen Bewerber „abserviert", nur weil dessen Krawatte falsch gebunden war und die Brille schief saß (s. Abb. 4.2)?

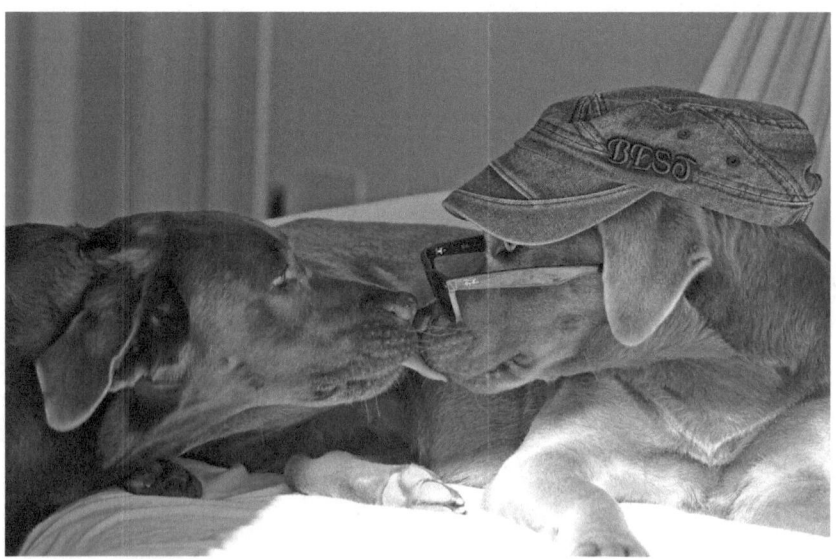

Abb. 4.2 Es kommt nicht auf das Äußere an

Vorbild Vierbeiner

Von Hunden können wir lernen, hinter die Fassade zu schauen, denn Hunde lassen sich nicht blenden. Sie kommunizieren untereinander vor allem durch Körpersprache; deshalb sind sie Experten darin, selbst feinste Gesten zu interpretieren.

Hunde akzeptieren die Menschen, wie sie sind. Das ist ein wesentlicher Unterschied zwischen Zwei- und Vierbeinern. Hunde denken weder in Schubladen, noch lassen sie sich von sozialen und kulturellen Normen beeinflussen. Es ist ihnen völlig egal, ob du einen Doktortitel hast oder Schulabbrecher bist, Millionen auf dem Konto hast oder nicht mehr besitzt als das, was du am Leib trägst. Bei Hunden geht es ums Sein und nicht um den Schein.

Sicherlich kennst du die „Geschichte mit dem Hammer" des Kommunikationswissenschaftlers Paul Watzlawick in seiner „Anleitung zum Unglücklichsein". Die Geschichte handelt von einem Mann, der sich von seinem Nachbarn einen Hammer ausleihen möchte, aber plötzlich unsicher wird, weil er glaubt, der Nachbar könne ihn nicht leiden. Er steigert sich in diese Vorstellung so lange hinein, bis er schließlich an der Tür des Nachbarn läutet und diesem ohne Gruß entgegenschmettert: „Behalten Sie Ihren Hammer, Sie Rüpel!" (Watzlawick 2015, S. 37 f.).

Die Geschichte ist natürlich übertrieben, dennoch hat sie einen wahren Kern. Wir gehen oft von Annahmen aus, deren Wahrheitsgehalt wir nicht kennen. Wir unterstellen anderen Menschen Motive und Gedanken, die sie vielleicht gar nicht haben und die sie nie klarstellen können. So können wir ein Leben lang ein falsches Bild von unseren Mitmenschen mit uns herumschleppen – dabei ist uns nicht klar, dass wir denjenigen völlig falsch einschätzen, und demjenigen nicht, dass wir ihn so verkennen. Schade, wie viel Potenzial dadurch verschenkt wird!

Nun haben wir also diese Meinung von unserem Gegenüber, denken etwa: „Der kommt auch nicht gerade von Schaffhausen!" Wenn nun ein Gespräch mit demjenigen ansteht, ist es schwer, sich davon loszumachen. Alles, was er sagt, betrachten wir vor dem Hintergrund unserer Vorurteile. Beginnt er ein berufliches Gespräch mit etwas Smalltalk über das untypisch schöne Wetter, denken wir: „Na klar, texte mich ruhig zu. Du hast ja Zeit. Sonst müsstest du ja auch was arbeiten. Als könnte ich nicht selbst aus dem Fenster oder in meine Wetter-App schauen ..." und ärgern uns prompt. Dabei wollte derjenige vielleicht nur eine positive Grundlage für ein ernstes Gespräch schaffen.

Reflexionsfragen für dich

- Was denkst du über dich?
- Was denkst du über dein Gegenüber?
- Wo und wann (ver-)urteilst du in der Kommunikation mit anderen?
- Wo und wann verurteilst du dich selbst?

Wie kannst du dich von Vorurteilen befreien?

- Das Wichtigste ist, sie überhaupt zu erkennen. Vorurteile beeinflussen unser Verhalten anderen gegenüber. Achte in deinem täglichen Denken und Handeln darauf, dass dich Vorurteile, die andere dir gegenüber äußern, nicht beeinflussen. Wenn du diese Bewusstheit in deinem Alltag integrierst, hast du einen großen Schritt gemacht.
- Wenn dir ein Vorurteil bewusst geworden ist, achte darauf, dass dieses nicht dein Verhalten bestimmt.
- Hinterfrage eigene sowie Vorurteile der anderen: „Ist das wirklich wahr?"
- Widerspreche, wenn Menschen durch ihre Äußerungen andere diskriminieren.

Sicher gibt es unter deinen Mitarbeitern einige, die dir sympathischer sind als andere – auch ganz ohne Vorurteile. Manche Menschen passen eher zu uns als andere. Trotzdem ist es wichtig, mit allen gut zusammenarbeiten.

Wie kannst du deine Mitarbeiter akzeptieren, wenn ihr auf unterschiedlicher Wellenlänge surft?

- Versuche, dich in den anderen hineinzuversetzen: Was bewegt ihn? Wie fühlt er sich gerade? Welche Sorgen treiben ihn derzeit um? Was braucht er von dir?

- Finde heraus, ob es Gemeinsamkeiten gibt.
- Nimm dein Gegenüber, wie er ist, nach dem Motto „Nichts ändert sich, außer ich ändere mich".

4.2 „Hundeln" oder „menscheln"? – Guter Umgang will gelernt sein

4.2.1 Emotionen sind nicht nur was für Weicheier

Vorbild Vierbeiner

Hast du schon einmal einen Hund gesehen, der erst einmal fünf Bücher wälzt und einen Plan aufstellt, bevor er sich seinen Artgenossen nähert? Natürlich nicht! Hunde handeln aus dem Bauchgefühl heraus und sind damit meist erfolgreicher als wir Menschen, wenn wir uns tagelang den Kopf zerbrechen, wie wir in Situation X handeln wollen (und dann doch nach dem Bauchgefühl entscheiden).

Vor allem im Berufsleben wird das Unbewusste, Emotionale oft verteufelt. (Bauch-)Gefühle haben dort vermeintlich keinen Platz. Sicher kennst du diese Sprüche bzw. Glaubenssätze (siehe auch Abschn. 5.3.2):

- Im Job werde ich nicht fürs Fühlen bezahlt, sondern fürs Arbeiten.
- Gefühle haben im Job nichts verloren.
- Emotionale Manager haben Nachteile.
- Wir brauchen keine Weicheier als Chefs!

Das ist Quatsch, denn wir lassen uns von Emotionen leiten, selbst dann, wenn wir glauben, rational zu handeln. Zur Veranschaulichung möchte ich dir das Eisbergmodell von Sigmund Freud vorstellen (Fieger und Fieger 2018). Danach besteht das Bewusstsein aus zwei Ebenen: Die eine ist das, was wir bewusst sagen oder tun. Sie macht ungefähr 20 % aus. Das ist die Sachebene, die aus Zahlen, Daten und Fakten besteht und somit sichtbar ist. Die zweite – weitaus wichtigere – Ebene bildet das Unbewusste, also das Unsichtbare, das sich unter der Wasser-oberfläche befindet. Sie macht die übrigen 80 % unserer Handlungen aus. Hier befinden sich die Bedürfnisse, Motive, Antreiber, Werte, Glaubenssätze, Gefühle, Einstellungen und Emotionen. Schauen wir uns diesen Zusammenhang an einem *Beispiel* an:

Eine wichtige Stelle im Unternehmen ist vakant und muss neu besetzt werden. Du führst die Bewerbungsgespräche. Vor dir sitzt ein Kandidat, der formal alle Qualifikationen hat, die für die Position erforderlich sind. Die Zeugnisse sind top, der Bewerber ist nett und zugänglich. Ihr mögt sogar den gleichen Fußballverein.

Und trotzdem entscheidest du dich für den Kandidaten davor, der auf dem Papier ein bisschen weniger qualifiziert war und dessen Gehaltsvor-stellungen über dem des Kandidaten, der perfekt passen würde, liegen. Nach einigen Monaten stellst du fest: Die Entscheidung war goldrichtig. Der Neue passt hervorragend ins Team und liefert Top-Ergebnisse. Oft wird hier von „Personal Fit" gesprochen. Man könnte auch sagen: Bauchgefühl.

Wir können in unserem hektischen, komplizierten und oft anstrengenden Alltag nicht jede Handlung, nicht jedes Wort aktiv steuern. Sonst würden wir viel zu viel Energie darauf verschwenden. Das Unbewusste kommt gerade in Krisen, problematischen oder über-raschenden Situationen heraus, wenn wir genug damit zu tun haben, mit dem Neuen oder Schwierigen klarzukommen.

Wenn ich im Coaching Männer frage, „Was fühlst du, wenn du an … denkst?", erhalte ich oft die Antwort: „Ich bin nicht so der Gefühlstyp." Dabei sind Emotionen nichts Schlimmes. Sie können angenehm oder unangenehm sein, doch sie machen das Leben bunter, sie geben deinem Leben Farbnuancen. Emotionen zeigen: Du lebst noch!

Reflexionsfragen für dich

- Wie denkst du über Emotionen am Arbeitsplatz?
- Kannst du beruflich und privat deine Gefühle zeigen?
- Was befindet sich bei dir unter der Wasseroberfläche?
- Denke an eine Situation zurück, in der du ein Bauchgefühl hattest und dann doch mit dem Verstand entschieden hast. War das im Nachhinein die richtige Entscheidung?

Emotionale Intelligenz schlägt Faktenwissen

Studien zeigen, dass die emotionale Intelligenz (EQ = emotionaler Quotient) den beruflichen Erfolg und das Glücksempfinden mehr beeinflusst als der IQ. Emotionale Intelligenz meint die Fähigkeit, gut mit eigenen Gefühlen und denen anderer umzugehen. Konkret: eigene und fremde Emotionen richtig wahrzunehmen, zu verstehen und zu beeinflussen.

Warum ist EQ wichtiger als IQ? Der IQ wird oft an Faktenwissen festgemacht, das du dir anlesen oder googeln kannst. Seien wir ehrlich: Googeln ist keine große Kunst, das können heute selbst Kinder. Menschen mit hohem EQ sind dagegen besonders begabt darin, Konflikte zu lösen, andere zu inspirieren, ihre eigenen Bedürfnisse und Stärken wahrzunehmen und richtig einzusetzen. Mit einem ausgeprägten EQ wirst du deshalb bessere Beziehungen zu anderen und dadurch mehr Erfolg im Job haben. Gerade in Zeiten der Digitalisierung werden Fähigkeiten wie Selbstwahrnehmung, Beziehungsmanagement oder Selbstorganisation immer wichtiger – Skills, die unmittelbar mit emotionaler Intelligenz zusammenhängen. Eine Capgemini-Studie aus dem Jahr 2019 (managerSeminare 2020) zeigt: Die Bedeutung von emotionaler Intelligenz wird in den nächsten Jahren nochmals zunehmen, davon gehen Topmanager weltweit aus. Erstaunlicherweise sind die Deutschen hier skeptischer als andere Nationen. Die Deutschen: ein Volk von Gefühlsmuffeln?

Mit emotionaler Intelligenz werden wir leider nicht geboren, doch wir können sie entwickeln. Die folgenden Tipps helfen dir dabei, deinen EQ zu steigern:

- Feile an deiner Kommunikation. Kommunikationsfähigkeit ist ein Schlüssel für EQ.
- Gib und nimm Feedback (siehe Abschn. 4.2.8).
- Übe dich in Achtsamkeit (siehe Abschn. 5.2).
- Übe dich in guter Selbstführung (siehe Abschn. 3.3.3).
- Versuche, die Emotionen deiner Mitmenschen anhand ihrer Mimik zu entschlüsseln. Die Informationen zum „Fußballfeld der Emotionen" mit der dazugehörigen Übung (siehe Abschn. 4.2.3) können dir dabei helfen.

Werde zur Führungspersönlichkeit, indem du Herz und Verstand benutzt!

Reflexionsfragen für dich

- Wie ist es um deinen EQ bestimmt?
- Wie würden deine Mitarbeiter deinen EQ einschätzen?
- Wie schätzt du den EQ deiner Mitarbeiter ein?

Bedürfnisse, Instinkte und Werte am Arbeitsplatz

Wer schon einmal länger im einem ICE saß, in dem der Speisewagen fehlte, weiß: Jeder Mensch hat Bedürfnisse. Dazu gehören unter anderem Hunger und Durst. Auch in Bezug auf die Arbeit hat jeder Mensch Bedürfnisse: Dazu zählen Anerkennung, Struktur, Kollegialität und viele weitere. Wissenschaftlich erklärt sind Bedürfnisse „Mangelerscheinungen, die beim einzelnen Menschen den Wunsch auslösen, diesen Mangel zu beheben" (bpb.de 2016). Kurz gefasst, kann man Instinkte, Bedürfnisse und Werte folgendermaßen gegeneinander abgrenzen:

- Instinkte sichern das Überleben.
- Bedürfnisse erzeugen Erfüllung im Moment.
- Werte erzeugen Selbstachtung (siehe Abschn. 5.1).

Je nachdem, wie dringlich sie sind, werden verschiedene Arten von Bedürfnissen unterschieden. Emotionen können als Bedürfnisgehilfen bezeichnet werden.

In Abb. 4.3 findest du die Bedürfnispyramide nach Abraham Maslow (1943) angepasst an die Bedürfnisse von Mitarbeitern in Unternehmen. Da jeder Mensch unterschiedlich ist, kann die Zuordnung der Bedürfnisse auf der Bedürfnispyramide je nach Person anders aussehen.

Nicht immer können wir unsere Bedürfnisse allein befriedigen – oft erfordert es dazu die Unterstützung anderer. Hier kommst du

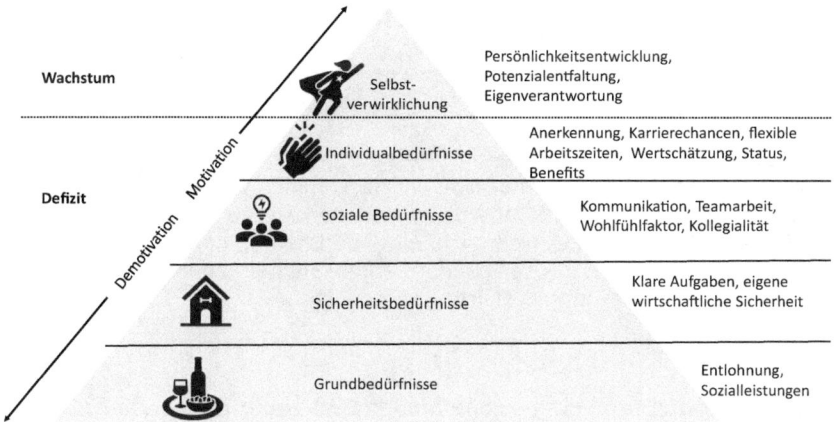

Abb. 4.3 Maslowsche Bedürfnispyramide im Unternehmenskontext

als Führungspersönlichkeit ins Spiel: Einerseits bist du – wie jeder Mensch – dafür verantwortlich, deine eigenen Bedürfnisse zu befriedigen, andererseits bist du gefragt, die Bedürfnisse deiner Mitarbeiter zu kennen und darauf einzugehen.

Reflexionsfragen für dich

- Welche Bedürfnisse sind bei dir besonders wichtig?
- Wie gut achtest du auf deine Bedürfnisse?
- Wie gut kennst du die Bedürfnisse deiner Mitarbeiter?

Es ist wichtig, dass du eigenen Bedürfnisse kennst – sowohl die physiologischen als auch die psychologischen. Physiologische Bedürfnisse beziehen sich auf körperliche Dinge wie Essen, Schlaf und Trinken. Psychologische Bedürfnisse beziehen sich dagegen auf die Seele, beispielsweise Liebe oder Sicherheit. Genauso wichtig ist es, diese ins Verhältnis zu den Bedürfnissen der anderen zu stellen. Stell es dir vor wie eine Waage, die im Gleichgewicht schwingen soll.

4.2.2 Empathie – eine unterschätzte Führungsqualität

Vorbild Vierbeiner

Hunde sind empathische Wesen. Sie spüren, wenn es dem Menschen nicht gut geht oder irgendetwas nicht stimmt. Wenn meine Hunde merken, dass es mir nicht gut geht, kommen sie zu mir und muntern mich auf. Gleiches gilt, wenn ich eine Verletzung habe. Am liebsten würden sie regelrecht meine Wunden lecken. Sie merken intuitiv, dass bei Schwangeren und Kindern Vorsicht geboten ist.

Hast du schon einmal eine solche Stellenausschreibung gesehen?

Gesucht wird Topmanager für weltweit operierenden Branchenriesen. Sie bringen mit:

- *mehrjährige Berufserfahrung in einer vergleichbaren Position*
- *Führungskompetenz*
- *Branchenwissen*
- *ausgeprägte Empathiefähigkeit*
- *…*

Vermutlich nicht! In Stellenausschreibungen für Managementpositionen wird nur selten Empathie gefordert. Dabei kann sie über Erfolg oder Misserfolg als Führungspersönlichkeit entscheiden.

Warum ist das so? Dafür gibt es viele Gründe. Um nur einige zu nennen: Empathische Führungspersönlichkeiten wissen, wie sie ihre Mitarbeiter am besten „einsetzen", fördern und weiterentwickeln. Dadurch bleiben die Beschäftigten dem Unternehmen treu, setzen sich dafür ein und bleiben gesund. Indem sie sich in die Mitarbeiter einfühlen, gelingt es empathischen Führungspersönlichkeiten außerdem, Konflikte leichter zu lösen oder sie gar nicht erst entstehen zu lassen.

„Das Geheimnis des Erfolges ist, den Standpunkt des anderen zu verstehen." (Henry Ford) (henry-ford.de o. J..)

Wodurch zeichnen sich empathische Führungspersönlichkeiten aus?

- Sie fragen nach, wenn es Unklarheiten gibt oder um sich zu vergewissern, dass sie es korrekt verstanden haben, und wollen das Gegenüber zum Nachdenken bringen. Zum Beispiel durch folgende Fragen: „Was bedeutet das konkret? Was meinst du genau?" Dabei spielen die Fragearten eine entscheidende Rolle. Mit einer offenen Frage lässt du mehr Freiraum, anstatt mit einer geschlossenen Frage ein Ja oder Nein zu erhalten. Wer fragt, der führt.
- Sie zeigen echtes Interesse am anderen.
- Sie hören ihrem Gesprächspartner aktiv zu (siehe Abschn. 4.2.9).
- Sie achten auf nonverbale Signale (Mimik, Gestik, Stimme), erkennen möglicherweise Stress an der Stimme, Müdigkeit im Gesicht, Demotivation in der Körperhaltung.
- Sie zeigen Schwächen.
- Sie lesen und hören „zwischen den Zeilen".
- Sie haben Fingerspitzengefühl.
- Sie sind verständnisvoll.
- Sie kennen die Eigenheiten, Wünsche und Bedürfnisse der Mitarbeiter.
- Sie verfügen über Selbstempathie.
- Sie lassen Nähe zu.

Im virtuellen Umfeld ist es noch wichtiger, die Antennen richtig auszufahren, um deine Mitarbeiter zu verstehen (siehe Abschn. 4.3).

Wie ist es um deine Empathiefähigkeit bestellt?

Reflexionsfragen für dich

- Wie schätzt du deine Empathiefähigkeit auf einer Skala von 1 (gar nicht) bis 10 (sehr gut) ein?
- Wie gut kannst du dich in fiktive Situationen einfühlen (Film, Buch, Tagträume etc.) – ebenfalls auf einer Skala von 1 bis 10?
- Wie gut kannst du dich in deine Mitmenschen einfühlen (auf einer Skala von 1 bis 10)?
  - Kollegen
  - Mitarbeiter
  - Vorgesetzte
- Kennst du die Wünsche und Bedürfnisse deiner Mitarbeiter?
- Wie gut kennst du deine eigenen Wünsche und Bedürfnisse?

- Wie ausgeprägt wünschst du dir dein zukünftiges Einfühlungsvermögen?
- Wie wirkst du in Besprechungen?
- Wie hörst du zu?
- Wie ist deine Message angekommen?
- Was nimmst du wahr?
- Wo und wann überraschen dich die Reaktionen deiner Mitarbeiter?

Zu unterscheiden sind affektive Empathie und kognitive Empathie. Affektive Empathie ist „ich fühle, was du fühlst", was dazu führen kann, dass du dich auf Dauer aufreibst. Du läufst Gefahr, dich selbst zu verlieren, weil du ständig beim anderen bist, anstatt bei dir. Bei kognitiver Empathie geht es darum „ich sehe, was du fühlst". Hier fühlst du nicht aktiv mit, was sich auf deine Gesundheit positiver auswirkt.

Empathie gibt's nicht im App-Store. Soll heißen, du darfst sie erlernen. So förderst du deine Fähigkeit, dich in andere hineinzuversetzen:

- Stelle dir folgende Fragen im Gespräch: Wie geht es meinem Gegenüber gerade? Warum geht es ihm jetzt so? Wie gehe ich damit um bzw. wie reagiere ich darauf? Wie reagiert mein Gegenüber auf mich?
- Ein tiergestütztes Coaching kann dir dabei helfen, deine Empathiefähigkeit zu stärken. Denn hier wird das Verhalten des Coachees (= Coaching-Teilnehmer) von den Hunden gespiegelt. Versetzen sich nun die Coachees in die Lage der Vierbeiner (die als Mitarbeiter fungieren), bilden sich neue Verbindungen in den neuronalen Strukturen: Die Empathiefähigkeit wächst.

Trainiere deine Emotionserkennungsfähigkeit. Am besten geht das im Kontakt mit anderen Menschen. Eine Studie unter elf- bis 13-jährigen Jugendlichen ergab, dass sie nach fünftägiger Zusammenarbeit mit Gleichaltrigen bei gleichzeitigem Verzicht auf Fernsehen, Mobiltelefon und Computer die nonverbalen Signale und Emotionen ihrer Mitmenschen treffsicherer entschlüsseln konnten. Die Jugendlichen verbrachten fünf Tage in einem Naturcamp, machten Orientierungsläufe und andere Übungen, bei denen Sie zusammenarbeiten mussten. (Eilert 2020)

Was kannst du daraus lernen? Es geht nicht darum, digitale Medien komplett zu meiden. Es geht darum „Digital-Detox"-Zeiten einzubauen, um sich wieder mehr auf zwischenmenschliche Interaktionen konzentrieren zu können.

Führung beginnt mit Selbstführung. Das Fundament hierzu ist die Selbstempathie und diese bildet wiederum die Grundlage für emotionale Intelligenz. Dabei geht es um die Fähigkeit, deine eigene Gefühlswelt wahrzunehmen und die dazugehörigen Emotionen zu verstehen.

4.2.3 In Gesichtern lesen – was die Mimik über unsere Emotionen verrät[1]

Vorbild Vierbeiner

Hunde verstellen sich nicht. Sie machen Beziehungsangebote, indem sie in Kommunikation treten. Sie sind wertschätzend, authentisch und geben direktes Feedback. Das ist es, was Menschen brauchen, um neue mentale und emotionale Leistungen hervorzubringen.

Die Mimikforschung beginnt mit dem Evolutionsbiologen Charles Darwin, der in seinem Grundlagenwerk „Der Ausdruck der Gemüthsbewegungen bei dem Menschen und den Thieren" im Jahr 1877 schrieb: „Die Bewegungen der Mimik enthüllen die Gedanken und Absichten eines Menschen mehr als Worte." (Darwin 2014) Die Mimik ist der wissenschaftlich am besten untersuchte Bereich der Gesamtkörpersprache. Wie recht er hatte, zeigt sich unter anderem, wenn man ein Gespräch mit jemandem führt, der eine Sonnenbrille trägt. Das irritiert und macht das Gespräch schwieriger; denn die Augenpartie vermittelt wichtige Informationen, damit wir einschätzen können, was in unserem Gesprächspartner vorgeht. Dasselbe gilt aktuell

---

[1]Die Ausführungen in diesem Abschnitt beruhen im Wesentlichen auf Dirk Eilert (2020). Mit freundlicher Genehmigung von Dirk W. Eilert 2021.

beim Mund- und Nasenschutz. Hier fehlen uns Informationen im Gesicht, die eine eindeutige Zuordnung der Emotion zulassen.

Unabhängig von Gesichtsbedeckungen versuchen Menschen oft, ihre Emotionen zu verbergen und ein Pokerface aufzusetzen. Doch die Mimik verrät unsere Emotionen, selbst, wenn wir uns um einen neutralen Gesichtsausdruck bemühen. Mikroexpressionen im Gesicht dauern kürzer als 500 Millisekunden und zeigen sich meist nur subtil. Sie treten unwillentlich auf und werden direkt vom limbischen System, dem „Emotionszentrum" im Gehirn ausgelöst.

Wenn du in der Lage bist, Mimik zu entschlüsseln, kannst du die Befindlichkeit deiner Mitarbeiter leichter einschätzen, als das mit Worten möglich ist. Ein *Beispiel*:

Du überträgst einem deiner Mitarbeiter ein großes Projekt. Derjenige sagt, „super, ich freue mich", zeigt jedoch extreme Angst. Hier kannst du einhaken und einfühlsam klären, ob derjenige Unterstützung benötigt oder das Projekt womöglich gar nicht übernehmen will.

Der Leitwolf auf dem Fußballfeld der Emotionen

Bevor wir in dieses wichtige Thema einsteigen, lohnt es sich, den Begriff der Emotion näher zu betrachten. Dirk Eilert (2020) definiert Emotionen als kurze, bio-psycho-soziale Reaktionen auf spezifische Ereignisse. Sie haben Konsequenzen für unser Wohlbefinden und erfordern meist eine sofortige Handlung. Emotionen sind jedoch nicht gleichzusetzen mit Gefühl, sie sind „das bewusste Erleben einer Emotion als Körperempfindung", also „die mentale Repräsentation einer Emotion." (Eilert 2020, III.3.a)

Wenn du deine Glaubenssätze (siehe Abschn. 5.3.2) zum Thema Emotionen neu überdacht hast, wirst du zum Leitwolf, also zur Führungspersönlichkeit. Unser Handeln ist emotional gesteuert, und es braucht alle Emotionen, um das Spiel des Lebens zu gewinnen – so, wie es beim Fußball alle Spieler auf dem Platz braucht. Es wird schwierig zu gewinnen, wenn das Spiel ohne Mittelfeldspieler angetreten wird. Jeder Spieler auf dem Spielfeld ist ein Bedürfniserfüllungsgehilfe. Wenn wir uns das Feld der Emotionen vorstellen, spielen wir es in einer Aufstellung von 4 : 3 : 3. Das bedeutet mit vier defensiven, drei

Tab. 4.1 Das Fußballfeld der Emotionen

Defensive	Kooperative	Offensive	Sonderpositionen
Schuld	Freude*	Ärger*	Stolz
Angst*	Liebe	Ekel*	Überraschung*
Trauer*	Interesse	Verachtung*	—
Scham	—	—	—

kooperativen und drei offensiven Emotionen. Zudem gibt es zwei Sonderpositionen.

Es gibt zwölf Primäremotionen, die unser Verhalten und Erleben beeinflussen. Davon sind elf Emotionen in ihrem Ausdruck kulturübergreifend gleich. Sieben davon kannst du rein an der Mimik ablesen. Diese sind in Tab. 4.1 mit einem Stern gekennzeichnet. Die Emotion Überraschung kannst du dir als Torwart vorstellen. Diese verstärkt die darauffolgende Emotion. Die Trainerposition nimmt die Emotion Stolz ein. Er entfaltet Potenziale. Die Funktion von Stolz ist, sich unserem idealen Selbst anzunähern.

Die Natur ist ehrlich, sie würfelt nicht. So hat jede Emotion einen Emotionsdreiklang. Das bedeutet: Es steckt ein Bedürfnis hinter der Emotion, sie hat einen Trigger und eine Funktion.

Beispiel: Die Emotion „Angst"

- Trigger: Bedrohung des körperlichen oder psychischen Wohlbefindens
- Funktion: Bedrohung vermeiden oder erwarteten Schaden reduzieren
- Bedürfnis: Sicherheit

Wir unterscheiden nicht zwischen guten und schlechten Emotionen, sondern zwischen angenehmen und unangenehmen Emotionen. Unangenehme Emotionen deuten auf unerfüllte Bedürfnisse hin und angenehme auf erfüllte Bedürfnisse. Alle Emotionen sind wichtig, denn sie dienen dazu, unsere Bedürfnisse zu erfüllen. Entscheidend ist, dass wir alle Emotionen haben. Nehmen wir z. B. Angst. Wenn ein Säbelzahntiger vor uns steht, dürfen wir natürlich Angst haben. Doch Angst vor allem und jedem zu haben, ist auf Dauer kontraproduktiv.

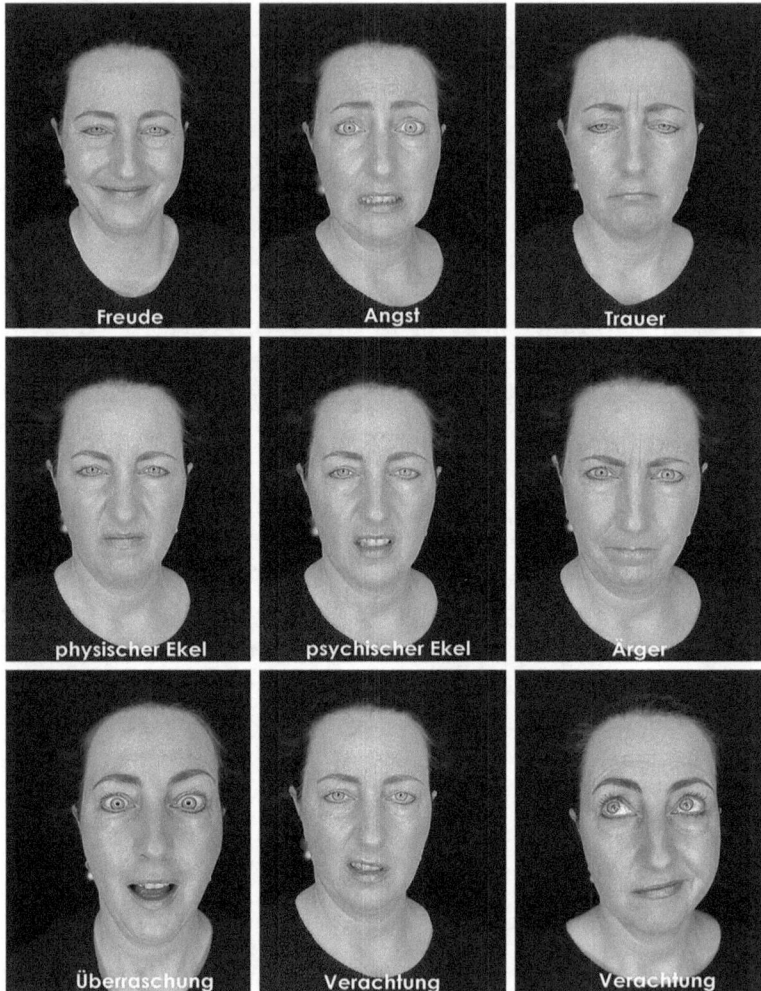

Abb. 4.4 Emotionen, die im Gesicht erkennbar sind

Damit du dir die sieben Emotionen, die in der Mimik zu erkennen sind, vorstellen kannst, findest du in Abb. 4.4 eine Übersicht. Verachtung kann sich in zwei verschiedenen Gesichtsausdrücken zeigen, und bei Ekel wird zwischen physischem und psychischem Ekel unterschieden. Deshalb findest du hier sieben plus zwei, also neun Gesichter.

Mit meinen Nichten habe ich die Emotionserkennung getestet und ich war überwältigt, wie gut Kinder Emotionen erkennen können. Wenn ich dieselbe Übung mit Führungskräften mache, liegt die Trefferquote lediglich bei rund 40 %.

Vorbild Vierbeiner

Sogar Hunde wissen, dass das schräge Hochziehen der Augenbrauen-Innenseiten eine höhere Hilfsbereitschaft signalisiert. Sie setzen den berühmten Hundeblick auf. Eine Studie hat gezeigt, dass dieser wohl ganz bewusst eingesetzt wird, um Herrchen und Frauchen zu beeinflussen. Mit dem DogFACs hat die Wissenschaft ein Codierungssystem entwickelt, um die Mimik von Hunden präzise zu beschreiben. (Waller et al. 2013a) Dieses schräge Hochziehen der Augenbrauen-Innenseiten, was dem Menschlichen sehr ähnlich ist, beim Hund allerdings weniger Trauer ausdrückt als vielmehr einen Versuch darstellt, Frauchen oder Herrchen um den Finger zu wickeln. Hunde, die im Tierheim öfter diesen Blick zeigen, werden schneller adoptiert (Waller et al. 2013b).

Neueste Studien legen nahe, dass Hunde ein eigenes neuronales Netzwerk im Gehirn haben, mit dem sie menschliche Gesichter lesen. Für die Mimik anderer Hunde werden dagegen andere Areale im Gehirn aktiviert. (Vgl. Eilert 2020)

Idealerweise erkennst du den „Hundeblick" bei deinen Mitarbeitern und kannst somit einordnen, welche Emotion deinen Mitarbeiter gerade bewegt.

Dieses Wissen über Mimik kann dir in der Mitarbeiterführung, als Vertriebler, als Human-Resources-Manager, in der Partnerschaft und in anderen Lebensbereichen helfen, um Menschen besser zu verstehen und somit gute Verbindungen zu etablieren. Mehrere Studien belegen, dass eine hohe Emotionserkennungsfähigkeit dein Jahreseinkommen positiv beeinflussen kann, weil du größere Verkaufserfolge hast (Byron et al. 2007). Stell dir vor, du bist Vertriebler und kannst bereits in der Mimik erkennen, dass dein Gegenüber Einwände hat, bevor er diese ausspricht! Was wäre dann für dich möglich?

In manchen Verkaufsschulungen gilt die Regel: LMAA. Wer es nicht kennt, es bedeutet nicht „Leck mich am Arsch", sondern „Lächle mehr als andere". Doch Lächeln ist nicht gleich Lächeln: Wir unterscheiden

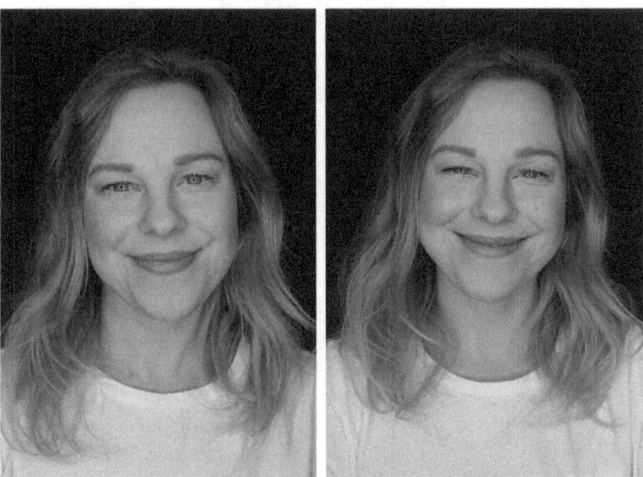

Abb. 4.5 Soziales Höflichkeits-Lächeln (links) vs. emotionales Freude-Lächeln (rechts)

zwischen einem emotionalen Freude-Lächeln und einem sozialen Höflichkeits-Lächeln. Wenn du Emotionen korrekt erkennen kannst, wirst du den Unterschied bei deinem Gegenüber wahrnehmen können. Denn Lächeln ist die häufigste Maske! Beim emotionalen Freude-Lächeln, also dem „Lächeln aus dem Herzen", kontrahieren die Augenmuskeln, beim Höflichkeits-Lächeln nicht (Abb. 4.5).

Die Mimik beeinflusst nicht nur die Außenwirkung, sondern auch die Kommunikation nach innen. Du erinnerst dich sicher an den Anfang dieses Kapitels: Kommunikation beginnt im Kopf! Probiere es mal aus: Wenn du dich mal wieder ärgerst und dabei die Augenbrauen nach unten und zusammenziehst, dann versuche, die Augenlider bewusst zu entspannen. Schau mal, was dann mit dem Ärger passiert.

Emotionen zu erkennen, ist die eine Sache. Die andere ist, ein entsprechendes Emotionsvokabular zu entwickeln. Das bedeutet, Gefühle, die zur jeweiligen Emotion gehören, zu kennen und anzusprechen. Siehst du bei deinem Mitarbeiter die Emotion Angst im Gesicht, könntest du z. B. sagen: „Ich habe das Gefühl, du bist besorgt." Was glaubst du, was das in eurer Beziehung verändern kann?

Wenn Emotionen beim Namen genannt werden, beruhigt dies unser „emotionales Gehirn". Unangenehme Gefühle lassen sich bereits dadurch regulieren, dass wir die entsprechenden Emotionen benennen. Das kannst du dir vorstellen wie bei der Geschichte von Rumpelstilzchen (vgl. Eilert 2020, IV.2.1.a). Sobald du die Emotion beim Namen nennst, befreien wir sie „aus dem Bann" des emotionalen Stresses. Das Ansprechen von Emotionen wirkt sich positiv auf unsere Kommunikation aus, insbesondere, wenn unser Gegenüber unter emotionalem Stress steht. Wir gehen in Resonanz mit unserem Gesprächspartner.

> Emojis sind eine „Sprache", die sich am schnellsten verbreitet (Emogi-Research-Team 2015) Wie wäre es, wenn wir unsere Emotionen gezielt ansprechen, anstatt irgendwelche Emojis zu senden, die der andere vielleicht noch fehlinterpretiert?

Um zu verstehen, wie Emotionen aktiviert werden, ist es essenziell, die Motive des Handelns zu verstehen. Sie sind der Motor und zugleich der Kompass unseres Tuns.

Nach Eilert gibt es vier Motivfelder bzw. -pole, die uns zu unserem Handeln motivieren.

1. Inspiration und Leichtigkeit: Bei diesem Motivfeld fällt es uns leicht, uns von Neuem inspirieren zu lassen und agil zu handeln. Es geht um Sorglosigkeit, Leichtigkeit und Kreativität. Veränderungen werden begrüßt.
2. Durchsetzung und Einfluss: Hier geht es um fokussiertes und kraftvolles Handeln sowie sich gegen Widerstände durchzusetzen. Bei diesem Motivfeld stehen Zielerreichung und der Aufbau von Einfluss im Vordergrund.
3. Harmonie und Geborgenheit: Bei diesem Motivfeld geht es um Fürsorge, Empathie und Wohlbefinden. Menschlichkeit steht im Vordergrund, um die Harmonie zu bewahren.
4. Ordnung und Stabilität: Mit Sorgfalt werden Situationen analysiert. Strukturen zu verstehen ist bei diesem Motivfeld essenziell. Es geht um Abwägen sowie um Sicherheit.

Die vier genannten Motivfelder stellen gegensätzliche Energien dar. Die zwölf Primäremotionen des Fußballfeldes lassen sich den vier Grundmotiven zuordnen. Es hilft, den Zusammenhang zwischen den Primäremotionen und den Grundmotiven zu kennen. So verstehst du, warum bei dir und bei deinem Gegenüber bestimmte Emotionen auftreten.

Wie stark die einzelnen Grundmotive in uns ausgeprägt sind, ist individuell verschieden. Welches Motiv in welcher Situation zum Tragen kommt, hängt demnach von unserer Persönlichkeit ab. Eine Führungspersönlichkeit ist in allen Motivfeldern zu Hause und spielt aktiv auf dem Feld der Emotionen. Das Trainieren der Emotionserkennungsfähigkeit macht dich zu einer empathischen Führungspersönlichkeit, wodurch echte Verbindungen entstehen, die wiederum die Mitarbeiterbindung stärken.

Vorbild Vierbeiner

Kühe sind Wiederkäuer, Hunde nicht. Kennst du Menschen, die ständig grübeln? Ich vergleiche das mit der Kuh, die immer wieder (Halb-)Verdautes zurück in den Mund befördert und aufs Neue kaut, so wie Menschen über Dingen brüten und sich dabei zermürben. Reflektieren ist die gesündere Variante. Je besser du deine Emotionen und Bedürfnisse kennst, desto weniger wirst du grübeln. Menschen, die viel grübeln, sind eher anfällig für eine Depression. Also mach es lieber den Hunden nach und lass „bereits Verdautes" ruhen.

Hätten wir keine Emotionen, könnten wir nicht blitzschnell reagieren, wenn es erforderlich ist. Wenn du zum Beispiel etwas Heißes isst, reagiert dein Körper sofort und wehrt sich vorsorglich gegen eine Verletzung, indem er dich reflexartig dazu bringt, die heiße Nahrung auszuspucken. So liegt es an dir, ob du sprichwörtlich „wiederkäust" oder doch „ausspuckst" was dich bewegt.

Reflexionsfragen für dich

- Wie gut schätzt du deine Emotionserkennungsfähigkeit sowie dein Emotionsvokabular auf einer Skala von 1 bis 10 (1 schlecht bis 10 sehr gut) ein?
- Wenn du die Emotionen deiner Mitarbeiter erkennen kannst, was wird dann für dich und dein Team möglich?
- In welchem Motivfeld bist du meist zu Hause?
- Wie gut kennst du die Motive deiner Mitarbeiter?

4.2.4 Motivation – mehr als die Karotte vor der Nase

Vorbild Vierbeiner

Meine Hunde sind lernbegierig. Körperliche Auslastung allein genügt auf Dauer nicht, auch das Hirn will beschäftigt werden. Mira liebt Intelligenzspiele. Sie löst knifflige Dinge, sie begeistert sich für Mantrailing und Apportieren. Wenn sie nicht regelmäßig gefordert und gefördert wird, wird ihr langweilig. Dann stellt sie etwas an, worüber ich mich nicht immer freue. Sie durchsucht meine Handtasche, klaut Taschentücher und zerfetzt sie oder kaut auf leeren Klopapierrollen. Dann ist sie kein „Vorbild Vierbeiner" mehr ...

Was bedeutet das übertragen auf unsere Mitarbeiter? Wenn sie nicht gefördert werden und auf Dauer nur eintönige Arbeiten erledigen, sinkt die Motivation und es wird langweilig. Irgendwann schalten sie dann pünktlich zu Arbeitsbeginn den Kopf aus und erst abends auf dem Heimweg wieder an. Eine Weiterbildung kann hier wie ein Koffeinkick wirken. Im Gegensatz zu Kaffee oder Cola wirken eine Weiterbildung und Persönlichkeitsentwicklung nachhaltig. Wichtig: Sprich mit deinen Mitarbeitern, welche Art von Weiterbildung sie sich wünschen. Denn eine Weiterbildung von oben herab zu verordnen, kann die Motivation sogar senken.

Wer seinen Job mag, liefert Bestleistung. Das klingt banal, ist es aber keineswegs. Eine aktuelle Studie des dänischen Unternehmens Peakon zeigt: Beinahe jeder vierte Beschäftigte in Deutschland geht unmotiviert ins Büro (23 %). In keinem anderen Land ist die Zahl der Lustlosen so

Tab. 4.2 Intrinsische und Extrinsische Motivation – Ein Überblick

	Intrinsische Motivation „innerlich"	Extrinsische Motivation „von außen"
Beispiel	Ich mache meine Arbeit gerne. Sie macht mir Spaß.	Ich arbeite, um Geld zu verdienen.
Ziele	Arbeit wird als interessant empfunden.	Positive Folgen werden angesteuert (z. B. Bonus).
	In der Arbeit selbst liegt die Belohnung.	Negative Folgen werden vermieden (z. B. Strafe).
	Arbeit kann Flow-Erlebnisse bewirken.	Handeln ist Mittel zum Zweck.

hoch (Gontek 2020). Wer keine Lust auf seinen Job hat, macht bestenfalls Dienst nach Vorschrift, im schlimmsten Fall blau. Die Motivation wird durch unsere vier Motivfelder gesteuert, in denen wiederum die Emotionen zu Hause sind.

Der Begriff „Motivation" leitet sich aus dem lateinischen Verb „movere" ab. Es bedeutet „in Bewegung setzen". Die Wissenschaft unterscheidet zwischen intrinsischer und extrinsischer Motivation (siehe Tab. 4.2):

Was lässt sich daraus für den Arbeitsalltag mitnehmen? Damit Beschäftigte im Unternehmen ihr Bestes geben, sind beide Arten der Motivation erforderlich. Wenn Mitarbeiter den Sinn im eigenen Handeln erfahren, fällt es ihnen umso leichter, sich mit herausfordernden Rahmenbedingungen zu arrangieren. Wie schon Friedrich Nietzsche sagte: „Wer ein Warum zum Leben hat, erträgt fast jedes Wie." (Frankl 2020) Die schlechte Nachricht ist: Du kannst andere nicht dauerhaft motivieren. Doch du kannst Rahmenbedingungen schaffen, sodass Mitarbeiter ihr Potenzial entfalten und sich einbringen können. Ziel ist es, die intrinsische Motivation zu kultivieren.

Vorbild Vierbeiner

Dem Labrador wird das Nice-to-please-Gen nachgesagt. Er will seinen Menschen gefallen. Dabei ist er meist intrinsisch motiviert: Es ist ihm ein inneres Bedürfnis, Sinn zu stiften. Dadurch bereichert er sein eigenes Leben ebenso wie das seiner Menschen. Eine echte Win-win-Situation!

Die meisten Hunde werden auf Leckerlis konditioniert. Wenn der Hund etwas gut macht, bekommt er eine kleine Belohnung. Beispiel Spaziergang: Der Vierbeiner schnüffelt interessiert an einem dampfenden Pferdeapfel. Du rufst ihn zurück – und schwupp bekommt er ein Leckerli.

Die kleinen Belohnungen können sich in der Qualität unterscheiden: Beim Hund reichen sie etwa von einem Stück Karotte bis zum getrockneten Rindfleisch. Für ein Stück Karotte wird der clevere Vierbeiner auf Dauer nicht gehorchen. Dafür muss es schon das luftgetrocknete Rindfleisch sein.

Meine zweite Hündin habe ich komplett ohne Leckerli aufwachsen lassen, da ich mich viel mit dem „Warum" beschäftigt habe. Ihr innerer Antrieb ist, dass sie ein gutes Zusammenleben genießt, bei dem es um Vertrauen und Respekt geht. Wenn ich sie also rufe, kommt sie, egal, ob Pferdemist oder ein interessanter Rüde auf dem Weg ist.

Ein kurzfristiges „Leckerli" wie eine Gehaltserhöhung wird bei Mitarbeitern keine dauerhafte Motivation auslösen. Selbst ein Kickertisch im Büro und eine kostenlose Mitgliedschaft im Fitnessstudio sind keine dauerhafte Garantie für Motivation. Diese extrinsische Belohnung kann lediglich ein kurzer Anreiz sein. Allzu oft eingesetzt, erhöhen sich die Forderungen beim Mitarbeiter wie beim Hund – und wo soll das dann enden?

In meinen Coachings suchen sich Teilnehmer einen meiner Hunde aus, um gemeinsam eine Aufgabe zu lösen. Die erste Frage ist bei vielen: „Kann ich ein Leckerli haben, damit der Hund mit mir kommt?" Das finde ich immer wieder amüsant und frage dann: „Wie motivierst du deine Mitarbeiter?" Hier kann ich in der Mimik meiner Klienten bereits einiges ablesen, bevor sie mir antworten.

Reflexionsfragen für dich

- Was motiviert dich?
- Wie hast du bisher deine Mitarbeiter motiviert?
- Hast du deine Mitarbeiter gefragt, was sie motiviert?
- Welchen Ansatz wirst du in Zukunft verfolgen?

4.2.5 Kalte Schnauze und Menschlichkeit – Nähe wärmt besser als jede Heizung

Kennst du die Menschen, die im Job und privat zwei unterschiedliche Menschen sind? Das zerreißt sie irgendwann, denn Berufs- und Privatleben verschmelzen immer mehr und so ist es auf Dauer schwierig, die beiden „Ichs" voneinander zu trennen. Deshalb sollten wir einander als ganze Menschen – und nicht nur als Kollegen, Mitarbeiter und Vorgesetzte – wahrnehmen und Nähe zulassen.

Vorbild Vierbeiner

Kontaktliegen – Hunde liegen gerne im Rudel aneinander oder dicht neben ihrem Menschen. Wenn ich mich auf die Couch setze, dann dauert es ein paar Sekunden und beide Hunde kuscheln sich an mich. Der Wärmflascheneffekt ist garantiert!

Du brauchst jetzt nicht gleich mit deinen Mitarbeitern zu kuscheln, doch wie wäre es mit einem echten Gespräch? Wenn du dich mit ihnen zum Essen triffst und über Dinge sprichst, die nichts mit der Arbeit zu tun haben? Echtes Interesse schafft Nähe. Bei meinen Mitarbeiterbefragungen höre ich sehr oft, dass der Chef unnahbar ist. Doch warum? Haben Vorgesetzte Angst, die Mitarbeiter könnten diese Nähe ausnutzen? Menschen wünschen sich Zugehörigkeit und Verbundenheit. Echte Verbundenheit ist ein wichtiger Faktor für Weiterentwicklung und mehr Menschlichkeit in Unternehmen (siehe Kap. 6).

Während meiner beruflichen Auslandsaufenthalte habe ich immer wieder in Unternehmen erlebt, dass z. B. der Lagerarbeiter beim Mittagessen neben dem Chef oder dem Firmenboss saß. Es finden

Gespräche statt und somit entsteht Nähe. Hierzulande mache ich meist die Erfahrung, dass Chefs und Mitarbeiter nicht am selben Ort essen. Und wenn, dann zucken die Mitarbeiter eher zusammen und fragen sich: „Was will der denn jetzt? Will er mich ausfragen?" Kannst du dir vorstellen, welchen positiven Unterschied echte Nähe macht?

Echte Bindungen sind der Klebstoff für Beziehungen. Eine Meta-Analyse von 148 wissenschaftlichen Studien (mit insgesamt 308.849 Probanden) aus dem Jahr 2010 zeigt das ganz deutlich: Das Fehlen echter und tiefer Bindungen erhöht die Wahrscheinlichkeit eines vorzeitigen Todes ähnlich stark wie regelmäßiger Tabak- oder Alkoholkonsum. (Holt-Lunstad et al. 2010)

Wo Nähe ist, ist auch Distanz. Die Distanzzonen spielen dabei eine essenzielle Rolle. Rückst du deinem Mitarbeiter zu sehr auf die Pelle, kann das zu Stress führen. Es ist wissenschaftlich erwiesen, dass Menschen stark gestresst reagieren, wenn jemand in ihre Distanzzone eindringt. (Vgl. Eilert 2020) Das zeigt: Nähe ist nicht nur eine Bringschuld der Führungspersönlichkeit, sie sollte von beiden Seiten zugelassen werden. Wie wäre es, wenn du mit deinen Mitarbeitern besprichst, was sie sich in puncto Nähe und Privatsphäre wünschen?

Es gibt Menschen, die den intimen Raum in einem Gespräch überschreiten. Manche Gesprächspartner gehen dann automatisch einen Schritt zurück. Die wenigsten sprechen es an. In den meisten Fällen reagieren wir mit Stress, wenn uns jemand näher als 50 cm kommt und in den intimen Raum eintritt. Hunde reagieren hier ähnlich. Sie zeigen, wenn sie sich nicht wohlfühlen, indem sie sich das Maul lecken. Wie zeigst du, wenn du dich unwohl fühlst? Menschen können uns auch mit Worten zu nah kommen.

Vorbild Vierbeiner

Wenn ich nach Hause komme, kommen mir meine zwei Hunde schwanzwedelnd und voller Freude entgegen. Sie freuen sich immer, egal, ob ich nur kurz weg war oder ein paar Tage.

Auch untereinander haben Hunde Begrüßungsrituale, um die Beziehung zueinander zu vertiefen oder aufrechtzuerhalten. Diese sind für sie sehr wichtig. Sie schütteln nicht die Pfoten, sondern lecken einander gegenseitig die Lefzen.

Wie reagierst du, wenn deine Mitarbeiter bei dir auf „der Matte stehen"? Vermutlich wirst du sie nicht küssen oder innig umarmen – und das ist gut so. Doch es würde schon helfen, wenn du dich nur halbwegs so ehrlich freust, wie Hunde das tun. Plane daher jeden Tag Zeit für Kontaktpflege, also für echte Gespräche ein. Was sich für dich wie Zeitverschwendung anhört, trägt zur Mitarbeiterzufriedenheit, Gesundheit und langfristig zum unternehmerischen Erfolg bei.

Reflexionsfragen für dich

- Wie viel Nähe lässt du zu?
- Wie viel Nähe möchtest du zulassen?
- Wie möchtest du deinen Mitarbeitern zukünftig signalisieren, dass du dich über ihr Kommen freust?

4.2.6 Pfoten weg von meinem Knochen – Grenzen setzen

Der Mensch ist ein Tier, das Geschäfte macht; kein anderes Tier tut dies – kein Hund tauscht einen Knochen mit einem anderen. (Adam Smith) (aphorismen.de o. J. a)

„Wenn ich ja sage, meine ich …" Tja, was? Meinst du es wirklich immer ernst, wenn du ja sagst? Oder geht es dir wie so vielen anderen Menschen? Du denkst „Nein, das will ich auf gar keinen Fall!" und sagst: „Ja, klar. Mach ich doch gerne."

Vorbild Vierbeiner

Hunde wollen niemanden ernsthaft verletzen, trotzdem zeigen sie Grenzen auf, wenn ihnen jemand sprichwörtlich „auf die Füße tritt" oder ihnen ihr Territorium streitig macht. Das ist extrem wichtig, um einen sicheren Raum zu schaffen. Sie setzen Grenzen, ohne dadurch die Verbindung zu anderen infrage zu stellen: Da wird der freche Artgenosse, der sich am Knochen bedienen will, im einen Moment in die Schranken gewiesen – und im nächsten Moment ist alles wieder gut.

Grenzen zu setzen fällt vielen Menschen schwer. Vor allem Frauen haben gelernt, sich anzupassen, Rücksicht auf andere zu nehmen und die eigenen Bedürfnisse hintanzustellen. Auf Dauer führt das zu Überlastung und ein Burn-out ist vorprogrammiert.

Als empathische Führungspersönlichkeit kennst du deine Mitarbeiter. Sicher kannst du abschätzen, welche von ihnen sich mit dem Neinsagen schwertun. Das sind oft die, die eine Überstunde nach der anderen schieben, morgens als Erste im Büro sind und abends als Letzte das Licht ausmachen, die im Kollegenkreis besonders beliebt und immer höflich sind. Unterstütze sie dabei, wenn sie es selbst nicht schaffen, Grenzen zu setzen und sich immer mehr Arbeit aufhalsen (lassen).

Ach ja, wenn dir das selbst schwerfällt, dann pass gut auf dich auf und lies dieses Unterkapitel besonders sorgfältig. Allen, denen das Neinsagen schwerfällt, sei dringend geraten: Setze Grenzen! Brav und nett war gestern. Denn ein NEIN zu anderen bedeutet ein JA zu dir. Dafür braucht es Klarheit in deinen Entscheidungen, deinen Emotionen und Bedürfnissen.

> Die kürzesten Wörter, nämlich „Ja" und „Nein", erfordern das meiste Nachdenken. (Pythagoras von Samos) (aphorismen.de o. J. b)

Wenn du weißt, was du willst, und Klarheit in dir herrscht, wirst du dich nicht mehr so leicht aus dem Konzept bringen lassen. Nehmen wir an, jemand möchte etwas von dir: Du sagst tatsächlich nein, doch derjenige lässt nicht locker. Viele knicken dann ein, ärgern sich über sich selbst und nehmen dem anderen die Hartnäckigkeit übel. Hier hilft ein Perspektivwechsel: Der andere macht nichts Falsches, denn er will ja nur sein Anliegen durchsetzen. Hier hilft es, wenn du ihm anschließend Fragen stellst, etwa: „Was bedeutet das jetzt konkret? Was ist der Grund, weshalb du mein Nein nicht akzeptieren willst? Was genau hast du an meinem Nein nicht verstanden? Was machst du, wenn ich jetzt nein sage?"

Manchmal müssen wir uns erst bewusstmachen, dass wir uns rechtfertigen, damit wir überhaupt merken, wie oft wir die eigenen Grenzen überschreiten lassen. Stell dir vor, du hast einen Garten und der Nachbar kommt ständig, ohne zu fragen und erntet dein Gemüse. So ist es, wenn du nicht nein sagst. Die folgenden Tipps können dir dabei helfen, dein Verhalten zu reflektieren und zu verändern:

- Mach dir klar: Niemand hat das Recht, dich kaputtzumachen. Ein gesunder Egoismus hilft dir beim Eigenschutz.
- Reflektiere deine Verhaltensweisen und hinterfrage deine Angst: Warum kannst du nicht nein sagen? Welches Bedürfnis, welcher innere Antreiber (siehe Abschn. 3.3.3) steckt dahinter? Ist es die Angst vor Zurückweisung?
- Definiere deine Werte (siehe Abschn. 5.1), damit dir die Entscheidung im Abgleich mit deinen Werten leichter fällt.
- Was kann schlimmstenfalls passieren, wenn du nein sagst?
- Verschaffe dir Zeit, indem du Bedenkzeit einforderst.
- Formuliere in Gedanken, wie du dem anderen eine Absage erteilst, ohne zu verletzen und/oder dir selbst untreu zu werden.
- Übe das Neinsagen vor dem Spiegel.
- Rede Klartext, denn Notlügen helfen dir nicht, da verstrickst du dich nur.

Dieses Thema lässt sich mit einem Hund als Sparringspartner hervorragend angehen. Mit ihm kommst du zum selbstsicheren Nein. Er nimmt es dir nicht krumm, wenn du ihm Grenzen setzt. Du kannst im Training mit ihm lernen, dass dir nichts passiert, wenn du auf deinen Grenzen beharrst.

Reflexionsfragen für dich

- In welchen Situationen hast du „Ja" gesagt und „Nein" gemeint?
- Angenommen, du könntest jetzt nein sagen, dann würdest du …
- Was kann sich dadurch in deinem Leben positiv verändern?

Abb. 4.6   Wenn's mal teuflisch wird …

4.2.7   Wenn's mal teuflisch wird – Konflikte konstruktiv lösen

Wo immer Menschen miteinander zu tun haben, kann es zu Auseinandersetzungen kommen (s. Abb. 4.6). Die Ursachen sind vielfältig: weil verschiedene Charaktere aufeinandertreffen, weil widersprüchliche Interessen herrschen, weil die Beteiligten unter Druck stehen, weil Bedürfnisse übersehen, übergangen, nicht befriedigt werden usw.

Konflikte am Arbeitsplatz lassen sich nicht vermeiden. Entscheidend ist die Art, wie wir damit umgehen.

- Wenn dir das Verhalten eines Mitarbeiters missfällt, sprich es sofort wertschätzend an – Idealerweise nicht vor anderen, sondern im Vieraugengespräch.

- Formuliere Ich-Botschaften, z. B.: „Ich habe beobachtet, dass du gestern viele private Telefonate geführt hast. Das hat mich irritiert, weil ich mir Sorgen mache, ob alles in Ordnung ist. Ich wünsche mir …"
- Beziehe dich auf den konkreten Fall oder eine Situation, anstatt zu pauschalisieren.
- Wenn du in einer konkreten Situation richtig wütend bist, nimm dir einen Augenblick Zeit, um dich zu sammeln. Atme mehrmals tief durch.
- Ein kurzes „Knurren", um einen Mitarbeiter zurückzupfeifen, kann in Einzelsituationen nützlich sein, doch es sollte nicht zur Regel werden. In vielen Chefetagen zählen Drohgebärden zu den gängigen Handlungsstrategien. Es werden Ängste geschürt, es wird gedroht und man kann die gefletschten Zähne förmlich sehen. Selbst wenn das Verhalten kurzzeitig Erfolg hat und die Mitarbeiter kuschen, wird diese Strategie langfristig keinen Erfolg haben, denn Angst demotiviert und macht auf Dauer krank.
- Wenn es einen Konflikt im Team gibt: Versuche herauszufinden, was zu dem Konflikt geführt hat. Befrage dazu alle Beteiligten einzeln, um die verschiedenen Sichtweisen bzw. Hintergründe zu verstehen.
- Vereinbare danach mit den Beteiligten einen Termin und versuche, hier eine gemeinsame Lösung zu erarbeiten. Idealerweise finden die Beteiligten ein Commitment, ohne dass du es vorgibst. Sollte die Situation allzu verfahren sein, suche dir einen externen Mediator.

Übrigens: Wenn Mitarbeiter über andere lästern, ist das nicht schön. Als Führungskraft mitlästern geht gar nicht!

4.2.8 Pfoten hoch – wertschätzend Feedback geben

Vorbild Vierbeiner

Hunde geben sofort ehrliches und wertfreies Feedback – im Rudel genauso wie im Kontakt mit Menschen. Sie sammeln keine „Rabattmarken" (s. Abb. 4.7): Verhält sich ein Hund im Rudel unangemessen,

Abb. 4.7 Rabattmarken gehören nicht in die Kommunikation, sondern in den Supermarkt

erhält er sofort Rückmeldung. Das betrifft beispielsweise übermütige Junghunde, die gelegentlich die Benimmregeln des Rudels überschreiten. Je nach Charakter des Alphatiers und Art des Fehlverhaltens (harmloses Ausprobieren oder ernste Provokation) unterscheiden sich die Reaktionen. Dabei geht es allerdings nicht um Bestrafung, sondern darum, die Sicherheit, Ordnung und den Zusammenhalt in der Gruppe zu gewährleisten.

Deshalb sind Hunde die idealen Trainingspartner für uns Zweibeiner. Verhält sich der Mensch an ihrer Seite unsicher, folgen sie ihm nicht. Handelt er respektlos, wird er weggehen oder es körpersprachlich zum Ausdruck bringen. Ist der Mensch freundlich und vertrauensvoll, gibt es ein promptes Schwanzwedeln und vielleicht ein herzliches Abschlecken. Dadurch wissen wir, woran wir sind und was unser vierbeiniger Trainingspartner von uns braucht. Feedback par excellence!

Feedback ist essenziell für Menschen, um sich weiterzuentwickeln, um zu lernen und vor allem, um die Beziehungen zu anderen Menschen gut zu gestalten. Wenn es richtig angewendet wird, bringt es Unternehmen voran. Wenn Feedback nur als anderes Wort für Kritik dient, kann es die Stimmung ganzer Teams belasten.

Meiner Erfahrung nach haben viele Menschen nicht gelernt, wertschätzend Feedback zu geben. Viele halten es mit dem alten Spruch: „Nicht gemeckert ist genug gelobt." Umgekehrt fällt es manchen Menschen schwer, positives Feedback anzunehmen. In Franken sagt man einfach: „Passt scho!" Es geht zudem darum, nicht nur konstruktives Feedback zu geben, sondern vor allem positives Feedback. Das ist eine wichtige Form der Anerkennung des Gegenübers. Sprichst du öfters mit deinem Mitarbeiter über Positives, kann er dadurch seine Persönlichkeit entwickeln und seine Stärken und Talente weiter ausbauen.

Zu unterscheiden ist Feedback, das einer Bewertung nahekommt, und Feedback, das auf konkreten Beobachtungen basiert. Letzteres ist hilfreicher, weil es die eigene Wahrnehmung widerspiegelt und somit das Gegenüber nicht „bewertet" wird. Es kann als Einladung dienen, sich darüber auszutauschen.

- Bewertend: „Deine Präsentation hat mich begeistert."
- Konkrete Wahrnehmung: „Ich habe wahrgenommen, dass du ganz locker und erfrischend gesprochen hast."

Feedback sollte nicht nur dazu genutzt werden, um andere zu kritisieren, sondern dazu, gemeinsam über Positives und Negatives Bilanz zu ziehen und Handlungsstrategien für die Zukunft zu erarbeiten.

Die goldenen Feedbackregeln lauten:

- Frage den Empfänger, ob er Feedback von dir möchte.
- Gib Feedback auf Augenhöhe.
- Achte auf den richtigen Zeitpunkt.
- Überprüfe dein Mindset, ob du mit dem Feedback eine positive Absicht verfolgst.
- Sei konkret und pauschalisiere nicht.
- Achte darauf, was in deinem Feedback noch „mitschwingt" (Selbstoffenbarung, Beziehung, Appell, Sachverhalt; siehe dazu Abschn. 4.3.2).
- Werte nicht, sondern beschreibe.

- Vergewissere dich, ob dein Feedback korrekt aufgenommen wurde.
- Kläre Missverständnisse sofort.

Zuhören statt losbellen – Kritisches Feedback annehmen

Auch hier können viele von uns noch etwas lernen: Viele Menschen fokussieren sich auf das Negative, fühlen sich angegriffen oder verletzt. Eine offene Feedback-Kultur ist für Mitarbeiter sowie für das Weiterkommen des gesamten Unternehmens essenziell. Kritisches Feedback ist als Chance für Wachstum anzusehen statt als Bellen. Es kann für den ein oder anderen Schmerz bedeuten und unangenehme Gefühle hervorrufen. Wenn du deinen Nutzen darin siehst, selbst zu wachsen, sind die aufkommenden Gefühle dein Spiegel. Dabei ist niemand von uns perfekt, wir alle können noch dazulernen.

Reflexionsfragen für dich

Nehmen wir an, dein Vorgesetzter oder ein Kollege erzählt dir fünf Minuten lang, wie toll du deinen Job machst, wie du das Unternehmen voranbringst etc. Am Schluss fügt er drei Punkte an, inwiefern es noch Verbesserungspotenzial gibt.
- Was bleibt bei dir hängen: die Lobhudelei oder die Kritik?
- Was nimmst du aus dem Gespräch mit?

Der amerikanische Psychologe John Gottmann hat herausgefunden, dass der Erfolgsfaktor 5 : 1 in Beziehungen eine bedeutende Rolle spielt (Deutschlandfunk 2019). Demnach braucht es für einmal Kritik an jemandem fünf Mal Anerkennung in Form von Dingen, Zeichen oder auch Taten, bis die „negative Energie" wieder neutralisiert ist.

Kritisches Feedback anzunehmen ist oft gar nicht so leicht. Es kratzt an unserem Ego und lässt oft Selbstzweifel aufkommen. Jeder hat andere Strategien, damit umzugehen:

- Sich verteidigen und auf Abwehr schalten: „Das, was du sagst, stimmt nicht!"
- Lächeln, obwohl dir innerlich die Hutschnur platzt.
- Wütend reagieren.
- Sich rechtfertigen, nach dem Motto: „Das liegt nur daran, weil die Umstände widrig waren etc."

Wie wir mit Kritik umgehen, hängt auch davon ab, auf welchem Ohr wir sie hören (siehe Vier-Ohren-Modell, Abschn. 4.3.2). Wenn wir Sachkritik beispielsweise als persönlichen Angriff (Beziehungsebene) sehen, gehen wir anders damit um, als wenn wir glauben, jemand kritisiere uns nur, um sich selbst zu profilieren (Selbstoffenbarung). Das kann unangenehme Emotionen (siehe Abschn. 4.2.1) wecken.

Was kannst du tun, um klüger damit umzugehen?

- Frage den Sender, was er genau damit meint und ob es Beispiele gibt für die Kritik. Wenn die Kritik pauschal ausgesprochen wurde (z. B. „immer kommst du zu spät"), hinterfrage die konkrete Situation („wann genau …").
- Frage dich: Ist das wirklich wahr?
- Betrachte die Kritik als Chance, deine „blinden Flecken" zu minimieren.
- Höre auf, dich zu rechtfertigen.
- Antworte nicht gleich. Lass die Aussage auf dich wirken und reflektiere sie zu einem späteren Zeitpunkt.
- Überprüfe, welche Emotion die Kritik bei dir auslöst und welche Gefühle dadurch entstehen.

Feedback und Feedforward – Eine Frage der Richtung
Neben Feedback ist zudem Feedforward hilfreich, damit sich die Mitarbeiter weiterentwickeln. Was ist das? Wie schon die Namen sagen: Feed*back* richtet sich in die Vergangenheit und Feed*forward* in die Zukunft. Feedback dient meist als Rückschau auf bereits Vergangenes. Feedforward stellt die gewünschte Entwicklung für die Zukunft in den Vordergrund. Feedforward kann auf Feedback folgen. Ein *Beispiel:*

- Feedback: „Mir ist aufgefallen, dass du den Umgang mit unseren Lieferanten gut gemeistert hast."
- Feedforward: „Mir ist aufgefallen, dass du den Umgang mit unseren Lieferanten gut gemeistert hast. Was, glaubst du, braucht es, um diese Fähigkeit weiter auszubauen?"

Reflexionsfragen für dich

- Hast du in der Vergangenheit Feedback und Feedforward gegeben?
- Wie möchtest du zukünftig Feedback und Feedforward geben?
- Wie gut kannst du Feedback annehmen?

4.2.9 Schlappohren auf und aufgepasst – Zuhören ist mehr als Schnauze halten

Vorbild Vierbeiner

Hunde kommunizieren immer entsprechend der Situation. Egal, ob laut, leise, subtil oder deutlich. Sie zeigen ein ganzes Potpourri an Signalen und passen sich der jeweiligen Situation an. Sie lesen und hören Zwischentöne und feinste Details. Von uns Menschen kann man das meist nicht behaupten.

Kennst du die folgende Situation? Frau und Mann kommen am Abend nach Hause. Beide erzählen wild drauflos. Der eine wartet auf eine kurze Gesprächspause, um umgehend seinen Frust abzuladen. Nachdem beide ausgeredet haben, stellen sie fest, dass ihnen der jeweils andere überhaupt nicht zugehört hat. Sie sind wütend, frustriert und eine Lösung für ihr Problem haben sie auch nicht gefunden. Da kann folgende Übung helfen.

Übung

Jeder gibt dem anderen zehn Minuten zum Reden. In dieser Zeit spricht nur Person A. Person B hört ausschließlich zu und beobachtet Mimik, Gestik, Stimme, Artikulation des Sprechenden. Es werden keine Fragen gestellt, lediglich Kopfnicken oder wortloses Hörerfeedback („hmmm") sind erlaubt. Nach den zehn Minuten darf Person B Fragen stellen und beide Gesprächspartner dürfen gemeinsam Ideen und Lösungen suchen (sofern gewünscht). Dann werden die Rollen getauscht.

Was erst einmal recht künstlich klingt, wird die Qualität deiner Beziehungen grundlegend verbessern – privat wie beruflich!

Solche Situationen gibt es nicht nur zu Hause, auch im Berufsalltag geht es uns oft darum, unserem eigenen Anliegen Gehör zu verschaffen, ohne den anderen das Gleiche zuzugestehen. Genau hier setzt das aktive Zuhören an.

Aktiv zuhören bedeutet nicht „mit den Ohren wackeln"!
Wir sind mit digitalen Medien so verbunden, haben so viel um die Ohren oder sind so gestresst, dass wir oft gar nicht richtig zuhören. Doch worauf basiert unser Zusammenleben? Aus echten Verbindungen, die gehegt und gepflegt werden wollen. Eine elementare Basis dafür sind das aktive Hin- und Zuhören sowie die Wahrnehmung der Mimik und der Körpersprache.

Hast du schon einmal Paare beobachtet, die einander im Restaurant gegenübersitzen und jeder starrt nur auf sein Handy? Ist das das Ergebnis der Digitalisierung? Es zeigt, dass soziale Medien zu reichlich unsozialem Verhalten führen und die Kommunikation auf der Strecke bleiben kann. Die Digitalisierung ist eine wichtige Errungenschaft, doch wir dürfen das Menschliche, die reale Kommunikation dabei nicht vergessen. Voraussetzung dafür ist ein echtes Interesse an deinem Gesprächspartner.

Wie funktioniert aktives Zuhören?

1. Wenn dein Gegenüber spricht, bist du ganz Ohr und nimmst den ganzen Menschen wahr, ohne ihn zu unterbrechen.
2. Anschließend fasst du die Kernaussage(n) zusammen und überprüfst so, ob du das Gesagte wirklich verstanden hast.
3. Die Kunst besteht darin, dem Gegenüber „aus dem Herzen zu sprechen". Dafür ist es notwendig, die Gefühle, die der andere (verbal oder nonverbal) ausdrückt, zu verstehen und in Worte zu fassen.

Praktische Tipps zum aktiven Zuhören (Rogers 1985):

- Sei geduldig und lasse dein Gegenüber aussprechen.
- Halte Blickkontakt.
- Sei ganz im Moment und lasse dich nicht ablenken – weder von Gedanken noch von deinem Handy, das die nächste hereinkommende Mail anzeigt.

- Signalisiere dein Zuhören nur mit Nicken oder einem „Mmhh".
- Achte auf deine Körpersprache, damit du nicht unruhig auf dem Stuhl herumrutschst oder gelangweilt dreinschaust.

Das aktive Zuhören ist die Basis einer erfolgreich kommunizierenden Führungspersönlichkeit. Schon ausprobiert? Wie schwer das ist, zeigt sich in Workshops, wenn ich mit sechs bis zehn Personen eine Übung dazu mache. Eine Person (A) bleibt im Raum, alle anderen gehen hinaus. Ich lese A eine Geschichte vor, anschließend betritt Person B den Raum und A erzählt das Gehörte weiter. So geht das Spiel weiter, bis die letzte Person reinkommt.

Was glaubst du, was da von einer kurzen Geschichte übrigbleibt? Meist nicht viel. Dafür gibt es die skurrilsten Wendungen und Ideen. Am Ende der Übung lese ich die Geschichte noch mal vor, und dann wird gemeinsam gelacht und festgestellt: Zuhören sowie eine gute Informationsweitergabe sind eine wahre Kunst, in der wir noch dazulernen können. Der WAU-Effekt (siehe Kap. 5) ist hier enorm, denn jetzt wird verstanden, wie Gerüchte zum Brodeln kommen und sich Flurfunk auswirkt.

Ohne Worte – Warum Kommunikation nicht immer Sprache braucht

Vorbild Vierbeiner

Hunde brauchen untereinander keine Worte, sie nutzen Körpersprache, Knurren oder Beschwichtigungssignale, damit kein Stress entsteht. Weil sie Experten darin sind, Körpersprache zu lesen, können Hunde unsere Ausdrucksformen ebenso gut deuten wie die ihrer Artgenossen. Sie wissen, welche „Sprache" in einer konkreten Situation benötigt wird.

Ein *Beispiel*: Zeigt ein Mensch seine Zähne, lächelt er und meint es gut. Zeigt ein Hund seine Zähne, ist das eine Drohgebärde. Die Vierbeiner können das unterscheiden. Während Hunde die unterschiedliche Bedeutung von körpersprachlichen Signalen bei Mensch und Tier unterscheiden können, machen wir uns oft nicht einmal die Mühe, unsere Artgenossen zu verstehen.

Kommunikation ist viel mehr als das, was wir mit Worten sagen. Nonverbale Signale wie Tonfall, Mimik und Körpersprache drücken mindestens genauso viel aus wie das, was wir aussprechen. Selbst wenn du schweigst, sendest du eine Botschaft an dein Umfeld. Verschränkst du die Arme und schaust grimmig, lächelst du und wippst freudig erregt auf deinen Füßen, nestelst du nervös an Brille oder Haaren? Das alles ist Kommunikation. Dein Umfeld kann daraus einiges über deine aktuelle Befindlichkeit ablesen – sofern es sich die Mühe macht, dich genauer zu betrachten. Im Alltag laufen Gespräche allerdings eher folgendermaßen ab:

- Person A ist ganz aufgeregt. Unbedingt muss er B von den neuesten Ergebnissen des letzten Meetings erzählen. Doch B ist in Gedanken woanders. Er hört nur mit halbem Ohr auf As lange, laute Ausführungen. Er hat noch so viel zu tun, da kann er dieses Gespräch nun gar nicht brauchen!
- Umgekehrt versucht A gar nicht erst, sich mit präzisen und klaren Worten auf das Wichtigste zu beschränken, damit die Botschaft ankommt. Er ignoriert Bs abwesenden Gesichtsausdruck und dessen gelegentliches Auf-die-Uhr-Schauen. Stattdessen stapelt er Worte über Worte, wird immer schneller und lauter. Dazu fuchtelt er hektisch mit den Händen und reckt sich seinem „Gesprächspartner" entgegen, der unangenehm berührt zurückweicht.

Dass die Kommunikation dann nicht gelingt, ist kein Wunder. Was lässt sich daraus ableiten?

- Die Basis jedes echten Gesprächs ist das Interesse am Gegenüber und dem, was es sagt.
- Dazu sollten beide Parteien einander als Gesprächs*partner* wahrnehmen. Niemand möchte belehrt oder als Frust-Abladestation missbraucht werden.

- Wenn du zuhörst: Achte auf die verbalen und nonverbalen Signale deines Kommunikationspartners. Oft verraten die Mimik und der Körper mehr als die Worte.
- Um dich verständlich zu machen, reichen bei Menschen wie bei Hunden oft wenige klare Worte.
- Fokussiere dich im Gespräch auf das Wichtigste, anstatt dein Gegenüber mit Worten zu überfrachten. Das heißt nicht, dass du nun innerlich Wörter zählen sollst, trotzdem kommt eine klare Message am besten an.
- Gerade in der Führungsarbeit geht es darum, den Mitarbeitern Hürden aus dem Weg zu räumen. Das bedeutet auch: Unnötiges wegnehmen, Wichtiges in den Fokus rücken.
- Manches darf und soll auch ungesagt bleiben.

Vielleicht kennst du die Geschichte der drei Siebe des Sokrates:

Die Geschichte der drei Siebe

Zum weisen Sokrates kam einer und sagte: „Höre, Sokrates, das muss ich dir erzählen!"
„Halte ein!" *unterbrach ihn der Weise,* „hast du das, was du mir sagen willst, durch die **drei Siebe** gesiebt?"
„Drei Siebe?", *fragte der andere voller Verwunderung.*
„Ja, guter Freund! Lass sehen, ob das, was du mir sagen willst, durch die drei Siebe hindurchgeht: Das erste ist die **Wahrheit**. – Hast du alles, was du mir erzählen willst, geprüft, ob es wahr ist?"
„Nein, ich hörte es jemanden erzählen und …"
„So, so! Aber sicher hast du es im zweiten Sieb geprüft. – Es ist das Sieb der **Güte**. Ist das, was du mir erzählen willst, gut?"
Zögernd sagte der andere: „Nein, im Gegenteil …"
„Hm", *unterbrach ihn der Weise,* „so lasst uns auch das dritte Sieb noch anwenden.
Ist es **notwendig,** dass du mir das erzählst?"
„Notwendig nun gerade nicht …"
„Also", *sagte lächelnd der Weise,* „wenn es **weder wahr noch gut noch notwendig** ist, so lass es begraben sein und belaste dich und mich nicht damit." (weikopf.de o. J.)

Diese Geschichte kann uns heute noch eine Inspiration sein.

Reflexionsfragen für dich

- Erinnerst du dich an eine Situation, in der du dir „den Mund fusselig geredet" hast, ohne beim Gegenüber durchzudringen? Wie könntest du in einer vergleichbaren Situation zukünftig anders handeln?
- Wann und wo kannst du dir vorstellen, die drei Siebe des Sokrates im Beruf und im Privatleben anzuwenden?

4.3   Bellst du noch oder kommunizierst du schon?

Kommunikation ist die Basis unseres Miteinanders. Der Begriff Kommunikation leitet sich von dem lateinischen Wort „communicatio" ab und bedeutet so viel wie „Mitteilung". Doch Vorsicht: Wenn Kommunikation eine Einbahnstraße ist, wird sie leicht zur Sackgasse! Es hilft, sich bewusst zu machen, dass der Sender der Information verantwortlich ist, was beim Empfänger ankommt.

4.3.1 Kommunikationshemmer – so wirst du die verbale Maulsperre los

Nähert sich ein Artgenosse, bellen ängstliche Hunde schon von Weitem, in der Hoffnung, dass der andere auf Distanz bleibt. Selbstbewusste Hunde ersparen sich diesen Stress. Bei vielen Menschen ist das ähnlich: Sie halten andere bewusst auf Distanz – durch ruppige Worte, Belehrungen, Killerphrasen, Pauschalisierungen und andere Kommunikationshemmer. Hier einige *Beispiele* für Kommunikationshemmer:

- Das haben wir schon immer so gemacht.
- Mach mal schnell …
- Beeil dich.
- Du musst …

- Weil ich es sage.
- Das ist deine Schuld.
- Das geht nicht.
- Hätte, hätte Fahrradkette.
- Ich weiß das besser als du.
- Nie hältst du die Projekttermine ein.
- Das hast du doch sonst auch hinbekommen.

Auf der anderen Seite verstärken bestimmte Kommunikationssignale ihre (positive) Wirkung und sind daher bestens für den (Arbeits-)Alltag geeignet. Dazu zählen ehrliches Lob, bitte und danke oder ein netter Gruß zum Abschied. Positive Adjektive in deine Sprache zu integrieren ist von Vorteil. Überprüfe deinen Wortschatz und eigne dir gezielt neue Ausdrücke an, um deine Sprache lebendiger und wertschätzender zu gestalten. Manchmal reicht es bereits, negative Formulierungen durch ihr Gegenteil zu ersetzen oder Kriegssprache wegzulassen. Probiere es einmal aus.

Anstatt ...	Lieber so ...
„Sprich nicht so laut!"	„Sprich bitte leiser!"
„Ich habe ein Attentat auf dich vor."	„Ich benötige deine Hilfe."
„Das ist nicht schlecht."	„Das ist (sehr) gut."

Probiere es einfach aus, du wirst sehen, dass du eine völlig andere Wirkung damit erreichst.

Reflexionsfragen für dich

Beobachte dich eine Weile selbst. Beantworte dann folgende Fragen:
- Welche Wörter verwende ich?
- Wo und wann belle ich noch?
- Was will ich in Zukunft verwenden?
- Wie soll die Kommunikation künftig in meinem Team sein?

4.3.2 Vier Schlappohren für alle Fälle – das Kommunikationsmodell von Schulz von Thun

Das „Vier-Ohren-Modell" von Friedemann Schulz von Thun verdeutlicht den Kommunikationsprozess zwischen Sender und Empfänger einer Nachricht. Vielleicht kennst du es aus deiner Schulzeit. Falls nicht, oder falls du es vergessen hast, möchte ich es dir hier kurz vorstellen, um deutlich zu machen, wie Botschaften ankommen. Das Modell besagt Folgendes (schulz-von-thun.de o. J.):

Das Vier-Ohren-Modell von Schultz von Thun

Jede Nachricht hat vier Seiten.

1. Sachinhalt: Das ist das, worüber ich informiere (Fakten, Daten).
2. Appell: Das ist das, was ich beim Gegenüber erreichen möchte (wie soll er reagieren).
3. Beziehungshinweis: Das sagt meine Nachricht darüber aus, wie wir zueinanderstehen (was halte ich von ihm).
4. Selbstkundgabe/Selbstoffenbarung: Das gebe ich über mich und meine aktuelle Befindlichkeit preis (wie geht es mir gerade, was für ein Typ bin ich grundsätzlich).

Diese vier Ebenen spielen sowohl auf der Sender- als auch auf der Empfängerseite eine Rolle. Das heißt: Jeder Äußerung enthält vier Informationen – wobei nicht alle ausgesprochen werden. Manches schwingt unausgesprochen mit. Diese vier Informationen treffen auf vier Ohren des Empfängers. So entstehen leicht Missverständnisse. Wenn du dir das bewusst machst, erleichtert das die Kommunikation und dadurch die zwischenmenschlichen Beziehungen. Hier ein *Beispiel* aus dem Unternehmensalltag:

Der Vorgesetzte informiert den Mitarbeiter über eine Deadline. Er sagt: „Die Präsentation muss morgen fertig sein." Die drei Ebenen Appell, Beziehungshinweis, Selbstoffenbarung beschäftigen den Chef, werden jedoch nicht ausgesprochen.

Der Mitarbeiter hört: „Die Präsentation muss morgen fertig sein." Der Sachinhalt kommt an. Wie sich die anderen drei Ebenen voneinander unterscheiden, verdeutlicht Abb. 4.8.

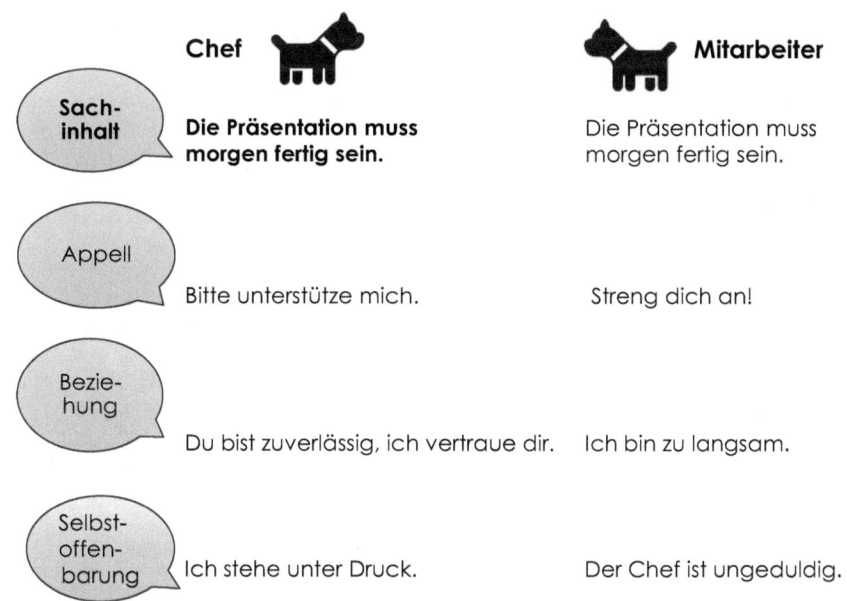

Abb. 4.8 Das Vier-Schlappohren-Modell für alle Fälle

So entstehen wegen einer simplen Aussage Gedankenketten. Damit alle Botschaften „richtig" ankommen, sind beide Seiten gefragt. Im Idealfall sieht das so aus: Der Sender ist um Klarheit bemüht und der Empfänger versetzt sich aktiv in die Rolle des Sprechenden, um Selbstkundgabe und Beziehungshinweis richtig zu deuten.

Wie oft gibt es diese Missverständnisse – ob beruflich oder privat – nur weil wir nicht klar kommunizieren, weil eine oder mehrere der Gesprächsebenen völlig falsch ankommen?! Leider allzu oft.

Weitere Tipps für deinen Kommunikationsalltag

Die Qualität deiner Fragen bestimmt die Qualität der Antworten. Gute Fragen wollen gelernt sein! In den Tipps für deinen Kommunikationsalltag (s. Tab. 4.3) findest du einige Beispiele für gelungene Fragestellungen.

Hier ein *Beispiel*, wie unterschiedliche Fragen zu verschiedenen Resultaten führen:

Tab. 4.3 Tipps und Ihre Umsetzung im Kommunikationsalltag

Tipp	Mögliche Umsetzung
Offene Fragen stellen	Wie siehst du das?
Nachhaken	Was meinst du konkret damit?
Zielorientierte Fragen formulieren	Was kann die Situation verbessern?
Zirkuläre Fragen stellen	Wie würdest du in meiner Situation reagieren?
Lösungsorientierte Fragen stellen	Woran erkennst du, dass du auf dem richtigen Weg bist?
Wunderfragen etablieren	Angenommen, dein Ziel ist erreicht. Was ist dann passiert?
Auf den Punkt bringen	Wenn ich es richtig verstanden habe, geht es dir um …
Gefühle ansprechen	Ich nehme wahr, du bist irritiert.
Augenhöhe	Sprich nicht von oben herab, sodass sich das Gegenüber „klein" fühlt.
Ich-Botschaften/Konflikte konstruktiv ansprechen	Ich wurde jetzt dreimal unterbrochen. Das ärgert mich, weil ich kaum zu Wort komme.
Mit Namen ansprechen	Frau/Herr … bzw. Vorname
Positive Formulierungen	Gerne, schön, klar, gut
Verständnis signalisieren	Ich verstehe, dass …
Verbindlichkeit signalisieren	Ich kümmere mich sofort darum.

Im Führungskräfteworkshop herrscht striktes Alkoholverbot. Die zwei Führungskräfte, die gemeinsam teilnehmen, möchten gerne nach einigen arbeitsintensiven Stunden einen Wein trinken. Der eine sagt zum anderen: „Ich check mal die Lage und frage den Workshopleiter, ob wir einen Wein trinken dürfen." Er kommt völlig enttäuscht zurück und erklärt: „Während des Workshops dürfen wir nicht trinken!"

Dann geht der andere zum Workshopleiter, weil er das nicht akzeptieren kann. Ein paar Minuten später kommt er mit einem Glas Rotwein in der Hand zurück. Seinem Kollegen entgleiten die Gesichtszüge und er fragt: „Was hast du zum Workshopleiter gesagt?"

„Ich habe ihn gefragt, ob es ok ist, wenn wir beim Weintrinken die Workshopunterlagen lesen."

In meiner Arbeit stelle ich täglich fest, dass mangelnde oder schlechte Kommunikation das Hauptproblem in Unternehmen ist … ob zwischen Kollegen, Mitarbeitern und Vorgesetzten, Innendienst und Außendienst … Lasst uns wieder wirklich miteinander sprechen und echte Verbindungen herstellen!

Reflexionsfragen für dich

- Erinnerst du dich an eine berufliche Situation, die durch geschickte Kommunikation besser gelaufen wäre?
- Was wäre erforderlich gewesen, um das Problem zu lösen/die Situation zu entschärfen?
- Was möchtest du zukünftig in vergleichbaren Situationen anders machen?

4.3.3 Produktiver Austausch – so bringen Meetings Mehrwert

Das ideale Meeting sieht folgendermaßen aus: Alle Teilnehmer erscheinen pünktlich und gut vorbereitet. Die Diskussion erfolgt wertschätzend, die Teilnehmer hören einander zu und gehen auf die Beiträge der anderen ein. Am Ende stehen handfeste Ergebnisse, die dann umzusetzen sind. Weil das in der Realität eher die Ausnahme ist, möchte ich dir ein paar Tipps für eine gute Meetingkultur an die Hand geben:

- Überlege vorab, ob ein Meeting überhaupt sinnvoll ist, oder ob eine andere Kommunikationsform (z.B. Morgen Daily, Retrospektiven) besser geeignet ist, um das Ziel zu erreichen.
- Welcher Ort (Präsenz oder Online) und welches Zeitfenster sind erforderlich?
- Worin soll das Ziel des Meetings bestehen (z.B. zur Informationsweitergabe, Ideensammlung, Aufgabenverteilung, Planung, Ergebniskontrolle, Zusammenarbeit, Optimierung, etc.)
- Wer soll daran teilnehmen?
- Welche Moderationsform bzw. welche visuellen Tools machen Sinn?
- Sollten Vorbereitungen der Teilnehmer wichtig sein, kommuniziere dies klar und mit genügend Vorlauf.
- Idealerweise fokussierst du dich mindestens eine Minute vorher auf dieses Meeting und stellst dir den Ablauf und das Ziel nochmals vor.
- Sei pünktlich, denn dadurch drückst du Wertschätzung aus.
- Handys als Tischdeko oder vibrierend in der Hosen- oder Handtasche sind unerwünscht.

- Beginne das Meeting mit 59 Sekunden Stille. Das dient dazu, gedanklich anzukommen und sich zu fokussieren. Vermutlich gelingt dies nicht auf Anhieb. Gib den Mitarbeitern Zeit, sich darauf einzulassen.
- Timeboxing statt Time-out: Neben den qualitativen Inhalten ist die zeitliche Begrenzung der Themen essenziell. Idealerweise gibt es einen „Zeitwächter", der darauf achtet, dass Diskussionen nicht aus dem Ruder laufen. Alternativ eignet sich eine große Uhr, die für alle gut sichtbar aufgehängt wird.
- Legt gemeinsam eine Zeitgrenze fest, um wie viele Minuten das Meeting mit Zustimmung aller überzogen werden darf. Diese Grenze sollte nicht mehr als sechs Minuten betragen. Definiert ein Mitglied, das als Time Keeper die Uhr im Blick hat.
- Respektvoller Umgang bedeutet, dass jeder seine Meinung äußern darf.
- Bemerkungen unter der Gürtellinie sind tabu. Sollte es dennoch dazu kommen, ist es wichtig, das sofort zu klären. So wird sichergestellt, dass sich diejenigen ebenfalls etwas zu sagen trauen, die sonst eher ruhig sind und Angst vor Kritik haben.
- Wenn die Situation mal verfahren ist, dann gönne der Runde eine Minute Time-out in der Stille. Danach haben sich meist die Gedanken wieder beruhigt und es kann konstruktiv weitergehen. Dasselbe kannst du anwenden, wenn gerade die Ideenfindung ins Stocken gerät.
- Stelle Fragen, statt Antworten zu geben.
- Meeting Minutes (Ergebnisprotokolle) sorgen für Klarheit. Darin sollen die getroffenen Entscheidungen, vereinbarte Aufgaben und die besprochenen Tagesordnungspunkte festgehalten werden. Außerdem werden die Anwesenden benannt und die Verantwortlichkeiten ebenso wie die nächsten Schritte beschrieben.

Eine effektive Meetingkultur kann der Katalysator für positive Veränderungen sein. Die Zusammenarbeit mit digitalen Tools hat eine enorme Steigerung erfahren und ist jetzt schon nicht mehr wegzudenken, und sie war in vielen Branchen längst überfällig. Wer vorher von einem Meeting zum anderen hetzte, klickt sich jetzt gestresst von einem Online-Meeting zum nächsten. Damit sich hier keine Erschöpfung und Müdigkeit wie die sogenannte (Zoom-)Fatigue einschleicht, sind eine straffe Organisation wie z.B. Pausenplanung, Formate, Tools und Vorabplanung essenziell. Hierdurch werden personelle Ressourcen und Kapazitäten effizient genutzt.

Reflexionsfragen für dich

- Wie laufen derzeit eure Meetings ab?
- Welche(n) der genannten Tipps möchtest du beim nächsten Meeting umsetzen?

4.4 Mitarbeitergespräche – Spaß statt Muss

Wenn ich persönliche Mitarbeiterbefragungen durchführe, höre ich oft, dass sich die Beschäftigten regelmäßige Mitarbeitergespräche wünschen. Sie möchten wissen, wie ihr Vorgesetzter über sie denkt. Umgekehrt möchten sie auch ihm Feedback geben. Die Realität sieht jedoch anders aus: In manchen Unternehmen gibt es Standardfragebogen, die einmal im Jahr mit den Mitarbeitern durchgearbeitet werden und die eine Art Benotung darstellen. In anderen gibt es gar keine Mitarbeitergespräche.

Wirklicher Austausch inklusive wertschätzendem Feedback und Feedforward? Fehlanzeige. Doch warum nur? Sind es die Mitarbeiter nicht wert? Warum fällt es Führungskräften schwer, sich ebenfalls „bewerten" zu lassen?

Reflexionsfragen für dich

- Wie oft führst du Mitarbeitergespräche?
- Wie oft führt dein Chef mit dir Mitarbeitergespräche?
- Sind sie für dich ein „Muss" oder „Spaß"? Warum?
- Hast du deine Mitarbeiter gefragt, wie oft sie sich Mitarbeitergespräche wünschen?

Dabei profitierst du als Führungspersönlichkeit von Mitarbeitergesprächen, denn

- der Austausch miteinander fördert das Verständnis füreinander.
- als geschützte Kommunikationsform stärken sie das Vertrauen zwischen dir und deinen Mitarbeitern.
- sie helfen dabei, Aufgaben, Milestones und Ziele festzulegen und gemeinsam Erfolge zu feiern.
- sie sind eine Art „Seismograf" für die Teamatmosphäre, weil im persönlichen Gespräch oft klar wird, wo die Stimmung zu kippen droht oder wo es bereits Probleme gibt.
- sie geben den Mitarbeitern das Gefühl, wertgeschätzt zu werden und aktiv am Unternehmensgeschehen beteiligt zu sein.
- sie sind ein guter Zeitpunkt, um die Weiterentwicklung der Mitarbeiter gemeinsam zu besprechen und zu planen.
- sie fördern durch gutes Feedback und Feedforward die Motivation und Leistungsbereitschaft der Mitarbeiter.

> **Hintergrundinformation: von Rohdiamanten, High-Potentials und Top-Leuten**
>
> Mitarbeiter lassen sich in drei Kategorien einteilen: Als Rohdiamanten bezeichne ich Talente, deren Leistung noch nicht auf dem gewünschten Niveau ist. High-Potentials bringen sehr gute Leistungen, haben jedoch noch weitere Entwicklungsmöglichkeiten. Top-Leute sind die Stützen und Leistungstreiber des Unternehmens.
>
> Je nach Kategorie ist ein anderer Umgang mit den entsprechenden Personen erforderlich. Mitarbeitergespräche bieten sich dafür an, Vertreter aller drei Kategorien auf ein möglichst hohes Niveau zu heben oder dort zu halten.

Rohdiamanten sollten durch geeignete Maßnahmen schnellstmöglich befähigt werden. Frage dich – und die entsprechenden Mitarbeiter –, welche Förderung sie brauchen. Sie stellen die herausforderndste Kategorie dar.

High-Potentials sind engagiert und motiviert. Sie wollen lernen und sich entwickeln. Ermittle gemeinsam mit ihnen, was sie dafür brauchen und wie die nächsten Schritte aussehen. Nicht vergessen: Engagement sollte belohnt werden. Positives Feedback und ermunternde Worte wirken hier wie ein echter Turbo.

Die Top-Leute werden oft vergessen, weil sie so „unproblematisch" und verlässlich sind. Trotz allem sind sie „bei Laune" und auf dem bestehenden Niveau zu halten. Was brauchen sie, um in einer sich ständig ändernden Welt weiterhin zu brillieren? Was ist erforderlich, damit sie ihr Job ausfüllt? An welcher Stelle wünschen sie sich weitere Verantwortung? Hier sind positives Feedback und Feedforward ein echter – und wichtiger – Motivationskick.

Du kannst deine Mitarbeiter gerne nach dieser Unterteilung für dich kategorisieren, die Unterschiede im Mitarbeitergespräch erklären und die Personen sich selbst einteilen lassen.

Darauf kommt es bei Mitarbeitergesprächen an

Wenn du ein Mitarbeitergespräch führst, markiere in Tab. 4.4 in der linken Spalte die Punkte, die du bereits erledigt hast.

Tab. 4.4 Checkliste Mitarbeitergespräche

Vorbereitung

Erledigt: Ja/Nein	Plane rechtzeitig den Termin, damit du genügend Vorlauf hast und sich dein Mitarbeiter darauf einstellen kann.
Erledigt: Ja/Nein	Idealerweise teilst du deinem Mitarbeiter die Punkte vorab mit, die du mit ihm besprechen möchtest. Weise ihn gerne darauf hin, er solle sich Gedanken machen, was er ansprechen möchte.
Erledigt: Ja/Nein	Stelle sicher, dass das Gespräch in einem Raum stattfindet, in dem ihr euch wohlfühlt und ungestört seid.
Erledigt: Ja/Nein	Stelle dich mental auf das Gespräch ein und versuche, ganz bei deinem Mitarbeiter zu sein. Kommunikation entsteht im Kopf!
Erledigt: Ja/Nein	Lasse das letzte Gespräch Revue passieren und überlege dir, was du davon wieder aufgreifen willst. Nimm dazu das letzte Protokoll zur Hand.
Erledigt: Ja/Nein	Überlege dir, wie du die Performance des Mitarbeiters auf einer Skala von 0 bis 10 bewerten würdest und suche nach konkreten Fällen.
Erledigt: Ja/Nein	Definiere, welche Punkte du ansprechen möchtest, z. B. Leistung, Teamarbeit, Gehalt, Weiterbildung, neue Aufgaben, Ziele …
Erledigt: Ja/Nein	Erstelle dir einen Gesprächsleitfaden mit möglichen Fragen.
Erledigt:	Denke darüber nach, welche Punkte den Mitarbeiter beschäftigen könnten.

Im Gespräch

Erledigt: Ja/Nein	Im Gespräch ist echtes Interesse am Gegenüber erforderlich. Nimm dir Zeit und lasse dich auf deinen Gesprächspartner ein. Versetze dich dazu in seine Lage. Es ist oft eine Frage der Perspektive!
Erledigt: Ja/Nein	Zeige echte Wertschätzung und Anerkennung.
Erledigt: Ja/Nein	Achte auf die Mimik, Gestik und Körpersprache deines Mitarbeiters: Welche Emotionen und Bedürfnisse lässt er erkennen?
Erledigt: Ja/Nein	Stelle offene Fragen, die nicht nur mit Ja oder Nein beantwortet werden können. Die Qualität deiner Fragen entscheidet über Motivation oder Demotivation. Anstatt zu fragen, ob es Probleme gibt, nutze: „Welche Herausforderungen hast du gerade zu meistern?"
Erledigt: Ja/Nein	Setze das um, was du in diesem Buch über Kommunikation gelernt hast.

(Fortsetzung)

Tab. 4.4   (Fortsetzung)

Erledigt: Ja/Nein	Besprich alle Punkte mit dem Mitarbeiter, anstatt sie ihm vorzutragen oder ihn zu belehren.
Erledigt: Ja/Nein	Lasse den Mitarbeiter sich selbst einschätzen. Gib ihm Feedback und überprüft gemeinsam wie Selbst- und Fremdbild übereinstimmen.
Erledigt: Ja/Nein	Gib ihm die Möglichkeit, dich „zu bewerten". Frage ihn, was er sich von dir wünscht und was er an dir schätzt.
Erledigt: Ja/Nein	Gib ihm Feedforward für den gemeinsamen Sprint in die Zukunft, indem du ihn fragst, wo er sich in einigen Jahren sieht (siehe dazu Abschn. 4.2.8). Definiert Ziele gemeinsam.
Erledigt: Ja/Nein	Prüfe anhand deines Leitfadens, ob du alle Punkte angesprochen hast.
Erledigt: Ja/Nein	Halte Stichpunkte fest, damit du das Gespräch nachher dokumentieren kannst.
Mögliche Fragen für das Gespräch	
Erledigt: Ja/Nein	Wie viel Spaß hast du an deiner täglichen Arbeit?
Erledigt: Ja/Nein	Wie lief das letzte Jahr aus deiner Sicht?
Erledigt: Ja/Nein	Was kann beibehalten werden und wo braucht es Nachjustierung?
Erledigt: Ja/Nein	Wo wünschst du dir weitere Unterstützung in unserer Zusammenarbeit?
Erledigt: Ja/Nein	Was schätzt du an mir?
Erledigt: Ja/Nein	Was wünschst du dir von mir?
Erledigt: Ja/Nein	Angenommen, das nächste Jahr läuft genau so, wie du es dir wünschst: Was hat sich verändert und was ist dann passiert?
Erledigt: Ja/Nein	Auf einer Skala von 1 bis 10: Wie wohl fühlst du dich bei uns, wenn 10 das Höchste ist?
Erledigt: Ja/Nein	Welche Aufgaben machen dir richtig Spaß?
Erledigt: Ja/Nein	Wenn du Aufgaben abgeben könntest, welche wären das?
Erledigt: Ja/Nein	Stell dir vor, wir sitzen in fünf Jahren hier. Was wäre dann deine Aufgabe? Wo siehst du dich in fünf Jahren?
Erledigt: Ja/Nein	Wie ist die aktuelle Temperatur im Team auf einer Skala zwischen Gefrierpunkt bis zu angenehmen 20 Grad?
Erledigt: Ja/Nein	Wo möchtest du dich gerne noch weiterentwickeln? Welche Unterstützung benötigst du dafür?
Erledigt: Ja/Nein	Was motiviert dich in deiner täglichen Arbeit besonders?

(Fortsetzung)

Tab. 4.4 (Fortsetzung)

Nach dem Gespräch

Erledigt: Ja/Nein	Sorge dafür, dass die vereinbarten Punkte verbindlich fest- und eingehalten werden Kläre gegebenenfalls offene Punkte.
Erledigt: Ja/Nein	Vereinbare sofort einen Folgetermin, um die Umsetzung sowie die offenen Punkte bis dorthin zu klären. Dies erzeugt Verbindlichkeit. An dieser Verbindlichkeit scheitern Mitarbeitergespräche, Zielvereinbarungen, Meetings etc.
Erledigt: Ja/Nein	Reflektiere das Gespräch und bereite es schriftlich nach: Wie bewertest du deine Gesprächsführung auf einer Skala von 0 bis 10? (0 schlecht bis 10 sehr gut) Was lief gut? Was möchtest du in Zukunft anders machen? Welche Informationen fehlen dir? Haben wir das erreicht, was geplant war? Welche Auswirkungen kann das Gespräch auf die künftige Zusammenarbeit haben? Wie schätzt der Mitarbeiter das Gespräch ein? Notiere dir Hinweise für das nächste Gespräch.
Erledigt: Ja/Nein	Dokumentiere das Gespräch und lasse deinem Mitarbeiter das Protokoll zukommen.
Erledigt: Ja/Nein	Prüfe, ob die Vor- und Nachbereitung optimal war. Gibt es noch offene Punkte?

Literatur

aphorismen.de (o. J. a) https://www.aphorismen.de/zitat/25092. Zugegriffen: 22. Nov. 2020

aphorismen.de (o. J. b) https://www.aphorismen.de/zitat/6920. Zugegriffen: 22. Nov. 2020

bpb (2016) Bedürfnisse. Kulturbedürfnisse, Luxusbedürfnisse, Individualbedürfnisse, Kollektivbedürfnisse. https://www.bpb.de/nachschlagen/lexika/lexikon-der-wirtschaft/18801/beduerfnisse. Zugegriffen: 3. Dez. 2020

Byron K, Terranova S, Nowicki Jr S (2007) Nonverbal emotion recognition and salespersons: Linking ability to perceived and actual success. https://onlinelibrary.wiley.com/doi/abs/10.1111/j.1559-1816.2007.00272.x. Zugegriffen: 3. Dez. 2020

Darwin C (2014) Der Ausdruck der Gemüthsbewegungen bei dem Menschen und den Thieren. Vero Verlag, Norderstedt

Deutschlandfunk (2019) Die Mathematik der Liebe. „Ehe-Geheimnis liegt im 5:1-Verhältnis von Positivem zu Negativem". https://www.deutsch-landfunk.de/die-mathematik-der-liebe-ehe-geheimnis-liegt-im-5-1.676.de.html?dram:article_id=442868. Zugegriffen: 23. Dez. 2020

Eilert DW (2020) Körpersprache entschlüsseln & verstehen. Die Mimik-resonanz-Profibox. Junfermann Verlag, Paderborn

Emogi Research Team (2015) Emoji Report, September 2015. https://cdn.emogi.com/docs/reports/2015_emoji_report.pdf. Zugegriffen: 3. Dez. 2020

Fieger J, Fieger KT (2018) Führung ist erlernbar: Mit Struktur zur erfolgreichen Führungskraft. Springer Gabler, Wiesbaden

Frankl VE (2020) Wer ein Warum zu leben hat. Lebenssinn und Resilienz. 3. Aufl. Weinheim, Beltz

Gontek F (2020) Arbeitnehmerzufriedenheit Deutschland ist Frustweltmeister. https://www.spiegel.de/karriere/arbeitnehmer-studie-deutschland-ist-frust-weltmeister-a-8c46563b-b6a1-4025-9c45-00e7b5bdcb91. Zugegriffen: 3. Dez. 2020

Henry-ford.net (o. J.) Zitate und Weisheiten von Henry Ford. https://www.henry-ford.net/deutsch/zitate.html. Zugegriffen: 3. Dezember 2020

Holt-Lunstad J, Smith TB, Layton JB (2010) Social relationships and mortality risk: a meta-analytic review. https://doi.org/10.1371/journal.pmed.1000316. Zugegriffen: 3. Dez. 2020

Keller G (1991) Kleider machen Leute. Reclam, Stuttgart

Keller M (2020) Psychologen über Bauchgefühle. 13 Millisekunden entscheiden, ob ich dich mag. https://www.spiegel.de/psychologie/erster-eindruck-wie-verlaesslich-ist-mein-bauchgefuehl-a-00000000-0002-0001-0000-000169338921. Zugegriffen: 3. Dez. 2020

managerSeminare (2020) Relevanz von Emotionaler Intelligenz steigt weltweit. Heft 266, S. 7, Mai 2020

Maslow A (1943) A theory of human motivation. Psychol Rev 50:370–396

Rogers CR (1985) Die nicht-direktive Beratung. Counseling and Psychotherapy. Fischer, Frankfurt a. M.

schulz-von-thun.de (o. J.) Das Kommunikationsquadrat. https://www.schulz-von-thun.de/die-modelle/das-kommunikationsquadrat. Zugegriffen: 17. Dez. 2020

Watzlawick P (2015) Anleitung zum Unglücklichsein. Piper Verlag GmbH, München

Waller B, Caeiro CC, Peirce K et al (2013a) DogFACS: the dog facial action coding system. Manual. University of Portsmouth

Waller BM, Peirce K, Caeiro CC, Scheider L, Burrows AM, McCune S et al (2013b) Paedomorphic facial expressions give dogs a selective advantage. PLoS ONE 8(12): https://doi.org/10.1371/journal.pone.0082686

weikopf.de   (o. J.)   https://www.weikopf.de/die-3-siebe-des-sokrates.html. Zugegriffen: 3. Dez. 2020

zitate.eu   (o. J.)   https://www.zitate.eu/autor/carl-gustav-jung-zitate/27892. Zugegriffen: 3. Dez. 2020

5

Der WAU-Effekt

Zusammenfassung

Es braucht den WAU-Effekt, damit Menschlichkeit im Unternehmen an erster Stelle steht. WAU steht hierbei für Wertschätzung, Achtsamkeit und Umdenken. Das Bedürfnis nach Wertschätzung ist groß, deshalb erfährst du in diesem Kapitel einiges über Werte, Bedürfnisse und verschiedene Arten, im Arbeitsalltag Wertschätzung zu zeigen. Dabei darfst du auch über deine eigenen Werte nachdenken und dich fragen, inwiefern sie zu deinem Unternehmen passen. Achtsamkeit ist ein beliebter Ausdruck, der allerdings oft falsch interpretiert wird: Viele Menschen halten Achtsamkeit für spirituellen Quatsch. Dabei geht es vor allem darum, auf den eigenen Körper zu hören und sich auf das zu konzentrieren, was im Moment (wichtig) ist, anstatt sich in der Multitasking-Falle zu verheddern. Du erhältst zahlreiche Anregungen für mehr Achtsamkeit in deinem Alltag und wirst erfahren, wie Vorbild Vierbeiner es vormachen. Auch auf das Thema Mindset kommen wir zu sprechen, denn du bist, was du denkst und deine Gedanken entscheiden darüber, ob du erfolgreich bist oder nicht. Was übertrieben klingt, ist durch Studien belegt. Wenn du umdenkst und deine Gedanken auf Erfolg polst, steht deinem (Berufs-) Glück nichts mehr im Wege.

Erfüllung im Job ist ein wichtiger Baustein für ein glückliches und gesundes Leben. Das klingt nach einer Glückskeks-Weisheit, ist allerdings wahr. Schließlich verbringen wir täglich acht (und oft mehr)

© Der/die Autor(en), exklusiv lizenziert durch Springer Fachmedien Wiesbaden GmbH, ein Teil von Springer Nature 2021
M. Ebert, *Leadership ohne Leine*, https://doi.org/10.1007/978-3-658-33610-3_5

Stunden im Büro. Wenn wir in dieser Zeit permanent unglücklich, unzufrieden und frustriert sind, werden wir zwangsläufig unglücklich. Unglückliche Mitarbeiter werden auf Dauer teuer. Sie bringen weniger Leistung und frische Ideen kommen so nicht auf den Tisch.

Erlebe den WAU-Effekt!

Wertschätzung – Achtsamkeit – Umdenken

(Mit freundlicher Genehmigung von © Lisa Doneff – Fotografie 2021. All Rights Reserved)

Was ist wichtig, um am Arbeitsplatz glücklich zu sein? Dazu gibt es zahlreiche Studien und Umfragen. Im Wesentlichen kommen dabei diese übereinstimmenden Ergebnisse heraus:

- respektvoller und wertschätzender Umgang miteinander
- eine interessante, sinnvolle Tätigkeit
- gute Teamatmosphäre
- offene und gerechte Unternehmenskultur
- Anerkennung für die eigenen Leistungen
- ausgeglichene Work-Life-Balance
- nette Kollegen

Für den Wow-Effekt sind im Wesentlichen die weichen Faktoren, also das Menschliche, verantwortlich. Darum geht es in diesem Kapitel. So wird der Wow-Effekt zum WAU-Effekt.

5.1 Wertschätzung – Erfolgsfaktor Menschlichkeit

Menschen möchten dazugehören. Gerade in Zeiten der Veränderung ist Zugehörigkeit ein neurobiologisches Grundbedürfnis (siehe Abschn. 4.2.1). Es wirkt beruhigend, Teil einer Gruppe zu sein, wenn sich die Welt um uns herum immer schneller zu drehen scheint. Deshalb ist eine gute Teamatmosphäre im Job so wichtig. Wir brauchen „Verbündete" um uns herum, mit denen wir den Widrigkeiten und Unsicherheiten der (Arbeits-)Welt begegnen können. Die Basis für eine solche Verbundenheit bilden Wertschätzung und Respekt.

> Wertschätzung ist kostenlos, jedoch nicht umsonst – und zugleich unbezahlbar.

Wertschöpfung durch Wertschätzung führt zu langfristigem Erfolg.

Vorbild Vierbeiner

Im Rudel erfahren alle Wertschätzung. Die Hunde lecken sich gegenseitig ab, praktizieren Kontaktliegen und suchen Nähe zueinander. Hier wird mal gebalgt und Frust abgelassen, dennoch geschieht das in friedlicher und grundsätzlich lockerer Stimmung. Wertschätzung bedeutet, dass die erfahrenen Alphatiere dem Rudel Sicherheit geben – notfalls würden sie dafür ihr Leben geben. Die Rudelmitglieder wissen das und akzeptieren das.

Wie sieht Wertschätzung in Unternehmen aus?

Lob ist nicht gleich Lob: Oft wirkt es floskelhaft und wenig authentisch. Manchmal wird es sogar als ein verbales Schulterklopfen von oben herab wahrgenommen. Dann verfehlt es ganz und gar seinen Zweck. Selbstbewusste Mitarbeiter empfinden das als eher unangenehm. Mitarbeiter können sich als Kinder fühlen, denen die Mutter auf die Schulter klopft und die gelobt werden, wenn sie etwas gut gemacht haben. Liv Larsson (2016, S. 40) sagt dazu „Wir haben kein Bedürfnis zu hören, dass wir etwas taugen oder fleißig sind, aber wir haben alle das Bedürfnis, gesehen und gehört zu werden." Dieses Bedürfnis wird durch echte Wertschätzung gestillt.

Wertschätzung ist mehr als Lob. Denn Lob bezieht sich auf eine erbrachte Leistung. Wertschätzung ist der Kitt, der Unternehmen und Mitarbeiter zusammenhält. Wertschätzung ist eine Frage der Haltung. Allein in dem Wort „Wertschätzung" steckt eine ganze Menge drin: „Wert" und „Schatz". Schauen wir uns das genauer an!

Werte – Unsere inneren Schätze

Was sind Werte? Die Psychologie definiert Werte als „Eigenschaften bzw. Qualitäten, die als erstrebenswert, in sich wertvoll oder moralisch gut betrachtet werden und die Objekten, Ideen, Sachverhalten, Handlungen, aber auch Menschen zugeschrieben werden." (Stangl 2020).

Werte entwickeln sich im Laufe des Lebens durch unsere Erziehung bzw. unser Umfeld (Familie, Freunde, (Vor-)Schule, Beruf, Religion, Kultur, Herkunft) und durch das, was wir erfahren und erleben (Medien, Ereignisse, Erfahrungen). Sie werden im Laufe des Lebens immer wieder an neue Umgebungen und Lebenszyklen angepasst.

Warum sind Werte so wichtig? Wenn du deine Werte kennst und lebst,

- kannst du klügere Entscheidungen treffen.
- bilden sie die Basis deines Handelns.
- kannst du gezielt mehr von dem tun, was dir wirklich Spaß macht.
- erhältst du Klarheit über das, was für dich wertvoll und wichtig ist.
- erzeugst du Selbstachtung.
- geben sie dir Orientierung, sind sie deine Leitplanken.
- bilden sie die Basis zwischen dir und anderen Menschen (und manchmal auch die Diskussionsgrundlage).
- stellst du fest, ob dein Job zu dir passt.

Wenn wir keine Werte haben, wissen wir gar nicht, wer wir sind. Sie geben uns unsere Identität und sind die Basis unserer Motivation. Kennst du deine Werte? Im Folgenden findest du eine Aufzählung verschiedener Werte.

Viele verschiedene Werte

Abenteuerlust – Abwechslung – Achtsamkeit – Ästhetik – Agilität – Aktivität – Akzeptanz – Alleinsein – Anerkennung – Ansehen – Anstand – Anziehungskraft – Attraktivität – Aufmerksamkeit – Aufrichtigkeit – Aussehen – Ausstrahlung – Authentizität – Autorität – Bedeutung – Beförderung – Begeisterungsfähigkeit – Beharrlichkeit – Beliebtheit – Bescheidenheit – Besitz – Bewunderung – Beziehungsfähigkeit – Bindungsfähigkeit – Charisma – Dankbarkeit – Demut – Effizienz – Ehrgeiz – Ehrlichkeit – Einfluss – Eloquenz – Emotionale Intelligenz – Empathie – Energie – Engagement – Entfaltungsfreiheit – Entwicklung – Erfolg – Erholung – Ethik – Exzellenz – Fairness – Familie – Fantasie – Fitness – Fleiß – Flexibilität – Fokus – Fortschritt – Freigiebigkeit – Freiheit – Freizeit – Freude – Freundschaft – Führung – Fürsorglichkeit – Geborgenheit – Gelassenheit – Geld – Genuss – Gerechtigkeit – Geselligkeit – Gesundheit – Gewissheit – Gewissenhaftigkeit – Glück – Großzügigkeit – Güte – Harmonie – Häuslichkeit – Heiterkeit – Herausforderung – Herzlichkeit – Hingabe – Hilfsbereitschaft – Hoffnung – Höflichkeit – Humor – Identifikation – Innerer Frieden – Innovation – Integrität – Intelligenz – Interesse – Intuition – Karriere – Kinder – Klarheit – Kollegialität – Komfort – Kommunikation – Kompetenz – Kooperation – Kreativität – Kundenfreundlichkeit – Kundenorientierung – Lebensfreude – Lebensstil – Leichtigkeit – Leidenschaft – Leistung – Lernbereitschaft – Liebe – Loyalität – Macht – Meisterrolle – Menschlichkeit – Mitgefühl – Mobilität – Muße – Mut – Nachhaltigkeit – Nächstenliebe – Neutralität – Nostalgie – Nutzen – Offenheit – Optimismus – Ordnung – Partnerschaft – Passion – Perfektionismus – Pflicht – Popularität – Potenzialentfaltung – Präsenz – Professionalität – Pünktlichkeit – Qualität – Rationalität – Realismus – Reichtum – Respekt – Risikobereitschaft – Romantik – Rückhalt – Rücksichtnahme – Ruhe – Ruhm – Sauberkeit – Schönheit – Selbstachtung – Selbstbestimmung – Selbstführung – Selbstliebe – Selbstständigkeit – Selbstvertrauen – Seriosität – Sicherheit – Sieg – Sinn – Sinnlichkeit – Sorgfalt – Spannung – Spaß – Spiritualität – Sportlichkeit – Stabilität – Sympathie – Teamfähigkeit – Toleranz – Tradition – Transparenz – Treue – Überlegenheit – Umdenken – Umweltbewusstsein –Unabhängigkeit – Unbekümmertheit – Ungebundenheit – Unternehmungslust – Unterschiedlichkeit – Veränderung – Verantwortungsbewusstsein – Verbindlichkeit – Vergnügen – Verlässlichkeit – Versöhnlichkeit – Verständnis – Vertrauen – Vision – Vitalität – Vorbild – Wachstum (persönlich, geistig) – Wahrheit – Weisheit – Weiterentwicklung – Wertschätzung – Wertschöpfung – Wohlstand – Würde – Zielorientierung – Zielstrebigkeit – Zivilcourage – Zufriedenheit – Zukunftsorientierung – Zuneigung – Zusammenarbeit – Zusammengehörigkeit – Zuverlässigkeit

Folgende Übung kann dir dabei helfen, die Werte herauszufiltern, die für dich besonders wichtig sind.

Übung

Lies dir die Werteliste einmal aufmerksam durch. Wähle nun fünf Werte aus bzw. reduziere die Liste, bis nur noch fünf Werte stehen bleiben – je nachdem, welches Verfahren du bevorzugst. Priorisiere diese von 1 bis 5. Wenn du das gemacht hast, überlege dir, ob du diese beruflich und privat wirklich lebst.

Ergänze außerdem folgende Sätze, um deine beruflichen Werte herauszuarbeiten:

- Ich vergesse die Zeit, wenn …
- Bei der Arbeit blühe ich richtig auf, wenn …
- Arbeit fühlt sich nicht wie Arbeit an, wenn …

Werte definieren

Notiere zu jedem Wert einen oder zwei Sätze, was dieser konkret für dich bedeutet. Das ist wichtig, da jeder ein anderes Verständnis davon hat, was jeweils gemeint ist. Nehmen wir den Wert „Pünktlichkeit". Für den einen bedeutet es, fünf Minuten vor dem vereinbarten Termin da zu sein. Für den anderen bedeutet es, zehn Minuten später.

Nimm deine gewählten Werte als deine künftige Entscheidungsgrundlage. Somit werden dir Entscheidungen künftig leichter fallen. Wenn du jetzt feststellst, dass es einige Werte gibt, die du gerne leben möchtest, jedoch jetzt noch nicht leben kannst, dann stell dir die Frage, was du brauchst, um diese zu leben. Alternative: Lass dich hierbei von einem Coach unterstützen.

5.1.1 Werte im Unternehmen – absolut wertvoll

Werte sind der wichtigste gemeinsame Nenner zwischen Menschen, ob beruflich oder privat. Gelebte Werte machen Menschen und Unternehmen wertvoll! Deshalb ist es so wichtig, dass in Unternehmen Werte gelebt werden. Der Alltag sieht meist anders aus. In einigen Unternehmen gibt es sie wohl, doch sind sie hier sehr allgemein gehalten und nicht konkret formuliert. So ist meiner Meinung nach zu viel Interpretationsspielraum. Was nützen die schönsten Werte auf der Website und im Hochglanzprospekt, wenn sie nicht gelebt werden (siehe dazu auch Kap. 6)?

Unternehmen und Mitarbeiter profitieren von einer gelebten Wertekultur. Werte begünstigen ein gutes Arbeitsklima und dienen als Basis für ein Miteinander. Werte schaffen Identität – für Mitarbeiter und für Außenstehende und sie bilden Leitplanken für das Denken und Handeln.

Wenn ich Führungskräfte nach ihren Werten frage, schauen sie mich meist mit großen Augen an. Dabei sind die eigenen Werte so essenziell wie für einen Piloten das Radar. Ziele zu definieren ist wichtig, doch die Grundlage dafür bilden Werte. Sie sind wie ein Leuchtturm, der den Weg weist, um Schiffbruch zu vermeiden.

In der Realität kann es Abweichungen zwischen den Werten und den Handlungen geben. Diese Diskrepanzen gilt es möglichst zu vermeiden, denn diese werden dir auf Dauer nicht guttun. Nehmen wir an, du hast den Wert Ehrlichkeit für dich definiert. Immer wieder fällt dir auf, dass du Notlügen verwendest, um die Harmonie im Team aufrechtzuerhalten. Jetzt stellt sich die Frage: Ist dir Harmonie wichtiger oder Ehrlichkeit? Hier ist eine Entscheidung erforderlich, welchen der beiden Werte du mehr schätzt, damit du kongruent sein kannst.

Vorbild Vierbeiner

Hunde verstellen sich nicht – Hunde sind immer kongruent! Sie handeln, wie sie denken. Deshalb können sie inkongruentes Verhalten nicht lesen. Sie spüren zwar, dass da was nicht stimmt, jedoch können sie sich keinen Reim daraus machen und sind verwirrt.

Gerade im Coaching mit Hund wird sehr deutlich, ob du kongruent bist. Deinen Mitarbeitern kannst du manchmal etwas vormachen, doch einem Hund nicht.

Werden Werte nicht gelebt, entstehen innere Konflikte, Stress und Demotivation. Das Engagement der Mitarbeiter lässt nach bis hin zur inneren und manchmal bis zur echten Kündigung. Wie Hunde eine artgerechte Haltung brauchen, um gesund und zufrieden zu sein, ist es wichtig, dass Menschen eine werteorientierte Führung erleben.

Ein Beispiel aus dem Coaching

Mein Coachee, männlich, Anfang 50, war unzufrieden im Job und wusste nicht, ob er sich in dem Alter nochmals neu orientieren sollte. Ich bat ihn, seine Werte zu definieren, die fünf wichtigsten auszuwählen und zu priorisieren. Nach der Übung saß er da und ihm liefen Tränen übers Gesicht. Das berührte mich sehr. Seine Erkenntnis war, dass die Werte, die ihm so wichtig sind, in seinem Unternehmen mit Füßen getreten werden. Er erkannte, dass die Unzufriedenheit daher rührte. Aufgrund dieser Wertearbeit hatte er dann den Mut, sich nochmals neu zu orientieren, und suchte sich einen neuen Job, wo seine Werte zu denen des Unternehmens passten. Seitdem hat er wieder Spaß an der Arbeit.

Übung

Definiert im Team fünf Werte, die euch im Arbeitsleben wichtig sind. Ordnet jedem Wert ein konkretes Verhalten zu, damit es ein gemeinsames Verständnis dafür gibt. Überlegt euch dann, wie diese Werte im Alltag gelebt und eingehalten werden können.

Platziert eure Werteliste als gemeinsames Commitment an einer gut sichtbaren Stelle, damit ihr euch gegenseitig daran erinnern könnt. Unterschreibt diese Liste, so hat sie mehr Verbindlichkeit.

Wenn Führung mit den Werten übereinstimmt, dann herrscht Kongruenz. Das bedeutet: Denken und Handeln stehen miteinander im Einklang. Wenn du auf Dauer nicht kongruent bist und anders handelst, als du denkst bzw. fühlst, dann wird es sich auf deine emotionale und körperliche Gesundheit auswirken.

Reflexionsfragen für dich

- Stimmen bei dir Werte/Denken und Handeln überein?
- An welchen Stellen möchtest du deine Kongruenz noch verstärken?
- Welche Werte möchtest du mit deinem Team gemeinsam leben?

5.1.2   Gemeinsam erfolgreich – Wertschöpfung durch Wertschätzung

Von „Der Mitarbeiter als Mittel. Punkt." zu „Der Mitarbeiter als Mittelpunkt": Kommen wir nun von den Werten zur Wertschätzung. Hast du dir schon einmal Gedanken gemacht, wie du deinen Mitarbeitern Wertschätzung zeigst? Und hast du deine Mitarbeiter schon einmal gefragt, was sie brauchen, um sich wertgeschätzt zu fühlen? Wenn nicht, ist jetzt eine gute Gelegenheit, beides zu tun! Neben Kommunikation ist die (fehlende) Wertschätzung eines der wichtigsten Themen in den Kulturwandel-Prozessen, die ich bisher begleiten durfte.

Wenn ich Beschäftigte frage, woran sie Wertschätzung festmachen, fallen die Antworten oft ganz „unspektakulär" aus. Hier eine Auswahl:

- mit Namen angesprochen werden
- kleiner privater Smalltalk in Kaffeeküche und Co. als Zeichen: „Ich nehme dich als Mensch wahr!"
- zuhören und Ideen begrüßen
- Anerkennung guter Leistungen
- Förderung von Talenten
- Vertrauen
- Mitarbeitergespräche
- gezielte Weiterentwicklung
- Gratulation zum Geburtstag
- nach eigener Meinung gefragt werden
- Transparenz (nicht „hinter dem Rücken" entscheiden und vor vollendete Tatsachen stellen), im Idealfall Einbindung in Entscheidungen
- Übertragung von Verantwortung

Grußlos im Gang

Du glaubst nicht, wie oft ich das in den Mitarbeiterbefragungen höre: Vorgesetzte rennen ohne zu grüßen über den Gang, oder sie wenden sogar den Blick ab. Das empfinden die Mitarbeiter als demütigend. Manche sind daraufhin sogar verängstigt oder unsicher und fragen sich: „Habe ich etwas falsch gemacht?" Vielleicht kommt noch hinzu, dass der Vorgesetzte nicht wertschätzend Feedback gibt und dann geht das Gedankenkarussell los (siehe Abschn. 4.1, „Geschichte mit dem Hammer"): „Jetzt grüßt er mich nicht, dann sagt er mir, was ich falsch gemacht habe und was kommt als Nächstes? Die Kündigung vielleicht?"

Den meisten Führungskräften ist vor der Reflexion der Mitarbeiter-befragung gar nicht bewusst, dass sie sich so verhalten, und dass dieses Verhalten zur Demotivation beiträgt. Dies wird als mangelnde Wertschätzung angesehen. Hier ist mehr Achtsamkeit gefragt (siehe Abschn. 5.2).

> **Tipp:** Wenn du in deinem Unternehmen unterwegs bist und Menschen siehst, denke an „Sawubona".

Sawubona ist eine Begrüßung der afrikanischen Zulu, die viel bedeutet wie: „Ich sehe dich, ich schätze dich, du bist mir wichtig." Das ist eine Grundhaltung, die du etablieren kannst. (Gedankenwelt 2019)

Reflexionsfragen für dich

- Wie kannst du deinen Mitarbeitern Wertschätzung zeigen?
- Welche Werte werden im Unternehmen wirklich gelebt?
- Lebst du privat und beruflich die gleichen Werte?

Babyboomer bis Generation Alpha: Ist Wertschätzung eine Frage des Alters?

Jeder Mensch ist unterschiedlich. Nur, weil zwei Personen im gleichen Jahr geboren wurden, müssen sie sich noch lange nicht ähnlich sein. Und doch halten sich hartnäckig die Einteilungen in Generationen, die so oder so oder so ticken. Warum? Weil Menschen von gesellschaft-lichen, politischen, sozialen Rahmenbedingungen und Lebensum-ständen geprägt werden. Weil es einen Unterschied macht, wo ich in meinem Leben stehe, was noch vor mir liegt, was und wie viel ich bis-lang erlebt habe. Also sind die Einteilungen in Generationen zwar nicht immer treffsicher, gleichwohl eine gute Annäherung an die Wirklich-keit.

Tipp: Bevor du eine Schublade aufmachst, um jemanden hineinzustecken, betrachte die Person genauer. Genau wie Topf und Deckel sollten Schublade und Person zumindest einigermaßen zueinander passen, damit nichts überschäumt. Nicht immer ist die Schublade „Altersgruppe" die richtige.

Hier eine Übersicht der Einteilung der Generationen (die je nach Definition auch etwas anders ausfallen kann):

Babyboomer:	1955 – 1965
Generation X:	1966 – 1980
Generation Y:	1981 – 1995
Generation Z:	1996 – 2009
Generation Alpha:	2010 – 2025

Vorbild Vierbeiner

Im Rudel halten die Generationen zusammen: Die jungen Wilden schauen zu den Älteren auf, da sie Weisheit ausstrahlen. Ältere erkennen, welche Fähigkeiten Junghunde mitbringen, und verlassen sich dann auf sie. Sie schätzen es, dass sie manche Dinge nicht mehr tun müssen und delegieren können.

Ein Beispiel ist das Bellen, wenn es ums Bewachen geht: Das übernehmen die Jungen. Die Alten schreiten erst ein, wenn es wichtig oder ernst wird. Das stelle ich mittlerweile in unserem Rudel fest. Früher war es Mira, die bellte, wenn sich draußen etwas Ungewöhnliches abspielte, während Maggy im sicheren Abstand hinterherlief. Mittlerweile ist es Maggy, die am Abend einen Streifgang durch den Garten macht und die Lage checkt, während Mira erst einschreitet, wenn mal wieder Besucher – wie Katzen oder Igel – durch den Garten streifen. Mira hat gelernt zu delegieren und die jüngere von beiden an die „Front" zu schicken und sie mal machen zu lassen. Auf ältere Hunde wirken jüngere Hunde wie ein Jungbrunnen. Dadurch werden neue Kräfte in den Senioren auf vier Pfoten geweckt.

Bei den Menschen scheinen die Unterschiede zwischen den Generationen oft eher Problem als Bereicherung zu sein. Reifere Mitarbeiter könnten froh sein, dass die Jungen ihnen bestimmte Aufgaben abnehmen und sie etwas Neues von ihnen lernen können. Stattdessen treibt viele von ihnen die Angst um, abgehängt zu werden und den Job an jüngere Menschen zu verlieren.

Umgekehrt sind jüngere Mitarbeiter so von sich und ihren „frischen Ideen" überzeugt, dass sie die Erfahrung der älteren Mitarbeiter missachten, respektlos alles Alte als überkommen abtun, alles über den Haufen werfen – und dann ordentlich auf die Nase fallen.

Im Rudel werden die Alten nicht verstoßen, die jüngeren Hunde kümmern sich um sie (s. Abb. 5.1). Leider ist das in Unternehmen oft nicht so. Die Wertschätzung der Skills und Erfahrungen der jeweils anderen Altersgruppen lässt oft sehr zu wünschen übrig.

Dabei braucht es beide Seiten: die Jungen, die von den Erfahrungen profitieren können, und die Älteren, die sich Neuerungen nicht verschließen. Als Führungspersönlichkeit bist du gefragt, diesen Spagat hinzubekommen, was nicht immer leicht ist. Was spricht dagegen, gezielt miteinander zu besprechen und schriftlich zu vereinbaren, wie Jung und Alt miteinander umgehen wollen? Dadurch kann eine Brücke der Generationen gebaut werden.

Abb. 5.1 Wertschätzung von Jung und Alt

Das „Alte" soll weg? Bloß nicht!

Wertschätzung für alles, was in der Vergangenheit war und weiter bestehen bleibt, ist wichtig. Versuche nicht, Alt gegen Neu auszutauschen. Das funktioniert nicht und führt zu Widerstand und Demotivation. Es braucht eine Würdigung des Alten und ggf. eine Verwandlung bzw. Integration in etwas Neues. Was ist damit gemeint? Ein *Beispiel:* Ein Prozess lief jahrelang auf eine bestimmte Art ab und wird nun erneuert. Dann ist es wichtig, damit wertschätzend umzugehen – nach dem Motto: „Früher war das passend und jetzt haben wir eine neue Lösung gefunden." Nutze vorhandene Ressourcen, damit die Mannschaft die gewünschte Veränderung trägt.

Tipps, damit alle Generationen gut miteinander harmonieren:

- Alle Altersgruppen haben Potenziale und Fähigkeiten. Achte darauf, welche Skills deine Mitarbeiter haben und vermittle ihnen deine Wertschätzung. Möglicherweise findet im Austausch zwischen den Generationen ein gegenseitiges Stärken stärken statt.
- Stellt gemeinsam ein generationenübergreifendes Commitment auf. Wenn alle an dieser „Brücke der Generationen" mitarbeiten, entsteht Begeisterung und die Mitarbeiter unterstützen sich gegenseitig.
- Sprich mit deinen Mitarbeitern über ihre Sorgen, um Ängste abzubauen – gerade ältere Menschen sind mit den neuen Herausforderungen oder Dingen, die jetzt erlaubt sind, überfordert.
- Etabliere Möglichkeiten des lebenslangen Lernens und räume ihnen einen zentralen Stellenwert ein.
- Finde heraus, ob deine Mitarbeiter destruktive Glaubenssätze mit sich herumtragen, etwa: „Ich bin zu alt, das lerne ich nie." Transformiert diese gemeinsam (siehe Abschn. 5.3.2).
- Vermittle den Sinn der generationenübergreifenden Kooperation.
- Fordere Geduld von allen Seiten ein.

Reflexionsfragen für dich

- Welche der „alten Dinge" benötigen mehr Wertschätzung?
- Wie gehst du mit den „Jungen Wilden" um, die alles „Alte" weghaben möchten?
- Wie geht ihr mit erfahrenen Mitarbeitern um, die sich ggf. mit Neuerungen schwertun?

5.1.3 Freude gehört ins Büro – und Vierbeiner ebenso

Montagmorgen, 6 Uhr. Der Wecker klingelt. Freudig springst du aus dem Bett, ziehst dich eilig an und fährst vor dich hinpfeifend ins Büro. Denn du weißt: Eine neue Arbeitswoche beginnt. Juhu! Mit einem kleinen Hüpfer betrittst du das Bürogebäude, klopfst dem Pförtner auf die Schulter und umarmst herzlich deine Teammitglieder, die du im Aufzug triffst.

Ich gehe davon aus, dass deine Woche nicht ganz so beginnt. Das ist auch okay: Arbeit ist Arbeit und Freizeit ist Freizeit. Doch es macht einen Unterschied, ob du mit richtig mieser Laune oder zumindest einigermaßen gut gelaunt zur Arbeit gehst. Damit das möglich wird, solltest du Freude an deinem Tun empfinden.

Vorbild Vierbeiner

Mira, die „Obercheckerin" meiner beiden Hunde, feiert ihre Erfolge und hat totalen Spaß, wenn sie Dinge erreicht – vor allem solche, die nicht erlaubt sind. Wir sitzen beim Frühstück. Ich höre: Es raschelt in der Speisekammer. Hier hängt unsere große Arbeitstasche für unsere Workshops. Sie versucht, an die Tasche zu kommen, um die spannenden Inhalte (wie ihren Leuchtturm) zu klauen. Schließlich schafft sie es. Sie kommt dann anstolziert, zeigt ihre Errungenschaft und feiert ihren Erfolg. Maggy schaut aus der Ferne zu und wartet. Der gemeinsame Spaß beginnt, wenn beide darum ringen und es genießen, dass sie mit dem Leuchtturm losfegen können.

Das heißt nicht, dass du deine Mitarbeiter zu verbotenen Taten anstacheln sollst, gerade du kannst dazu beitragen, dass Freude, Spaß und Erfolg eine größere Rolle im Arbeitsalltag spielen. Es gehört dazu, gemeinsam mit dem Team Erfolge zu feiern und zusammen Spaß zu haben. Leider kommt das oft zu kurz – nach dem Motto: Ziel erreicht und weiter. Voraussetzung dafür ist eine entsprechende Würdigung der Leistung. Auch Etappenziele können gefeiert werden!

In meinen Mitarbeiterbefragungen entsteht hier oft ein Aha-Effekt. Die Mitarbeiter äußern immer wieder den Wunsch nach „mehr Geld", besonders in Unternehmen, die nicht die höchsten Tariflöhne zahlen.

Dann frage ich: „Warum arbeitest du hier?" Die meisten rechnen nicht mit dieser Frage und schauen erst mal verdutzt. Wir arbeiten anschließend gemeinsam heraus, was wohl der Grund ist, warum sie bleiben. Hier kommen dann Dinge an die Oberfläche wie:

- das gute Betriebsklima
- der Zusammenhalt im Team
- Familienzugehörigkeit
- der gemeinsame Spaß in den Pausen
- die Freude darüber, so eine gute Führung zu haben

Wenn ich dieses Bewusstsein schaffen kann, bin ich happy. Oft sind es die zwischenmenschlichen Dinge, die Freude bringen und nicht die paar Euros mehr am Monatsende.

Reflexionsfragen für dich

- Wie kannst du künftig mit deinem Team gemeinsame Erfolge feiern?
- Wie könnt ihr gemeinsam im Alltag mehr Spaß haben?

Hast du deine Mitarbeiter einmal gefragt, was ihnen wirklich wichtig ist? Wie wäre es zum Beispiel, wenn sie den Hund mit ins Büro bringen dürfen? Viele Führungskräfte machen sich darüber keine Gedanken oder sprechen es nicht offen an. Mitarbeiter trauen sich nicht zu fragen, und so werden die Bedürfnisse nicht kommuniziert, sondern begraben.

Ein Office Dog bietet für alle Beteiligten einen Mehrwert, wenn entsprechende Vorbereitungen getroffen wurden und geeignete Rahmenbedingungen vorhanden sind, sowie ein gutes Mensch-Hund-Verhältnis zugrunde liegt. In Tab. 5.1 findest du einen Überblick über die Vorteile von Hunden im Büro.

Das Projekt Hund im Büro braucht allerdings gute Vorbereitung mit externer Begleitung, um Chancen, Risiken und Nebenwirkungen in Balance zu bringen.

Tab. 5.1 Vorteile von Office Dogs – ein Überblick

Vorteile für Unternehmen	Vorteile für Mitarbeiter	Vorteile für Hunde
Größere Arbeitgeberattraktivität	Weniger Stress, weil keine Organisation notwendig ist	Wohlbefinden, da Hunde Rudeltiere sind
Einfacheres Recruiting (denn Office Dogs sind ein echtes „Leckerli" für Bewerber mit vierbeinigem Anhang)	Wohlbefinden	Bessere Sozialisierung
Verbessertes Betriebsklima	Verbessertes Betriebsklima	Chance auf mehr Adoptionen aus Tierheimen
Gesteigerte PR-Wirksamkeit	Verbesserte körperliche und psychische Gesundheit	Angstzustände beim Alleinsein werden vermieden
Hund im Büro ist oft besser als mehr Gehalt	Motivation	Kein langweiliges Warten zu Hause
Stärkere Mitarbeiterbindung	Streit ist nicht möglich, wenn man einen Hund streichelt	Streicheleinheiten zwischendurch
Stressreduktion und geringeres Burn-out-Risiko	Ruhe, da der Hund versorgt ist	Hund fühlt sich gut versorgt
Weniger Fehlzeiten durch gesündere Mitarbeiter	Mehr Austausch untereinander	Treffen von Hundekollegen
Hund verbindet Menschen	Gesteigerte Leistungsfähigkeit	Hund leistet seinen Beitrag durch Anwesenheit
Motivierte Mitarbeiter	Bewegung durchs Gassigehen in der Mittagspause	Bewegung, statt zu Hause in den vier Wänden zu sitzen
Flexibilität bei längeren Bürozeiten, da der Hund dabei ist	Flexibilität und längere Bürozeiten möglich	Anregung durch Menschen (und ggf. andere Office Dogs)

Reflexionsfragen für dich

- Wie denkst du über das Thema Office Dogs?
- Gibt es in deinem Unternehmen bereits Office Dogs?
- Wurdest du von deinen Mitarbeitern schon danach gefragt?

5.1.4 Dankbarkeit und Demut

Über die negativen Dinge des Lebens regen wir uns oft ziemlich auf. Die positiven nehmen wir dagegen als selbstverständlich wahr. Ist das nicht traurig? Dankbarkeit ist in der heutigen Zeit nicht gerade selbstverständlich, sie wird meist als altmodisch abgetan. Dabei ist sie der Weg zum Glück. Ja, das klingt nach kitschigem Kalenderspruch, trotzdem ist es richtig! Denn eine dankbare Haltung dir und anderen gegenüber bringt dich näher zu dir selbst. Das Schöne: Selbst in scheinbar „beschissenen Zeiten" gibt es Dinge, für die du dankbar sein kannst.

Aus diesem Grund empfehle ich dir, ein Dankbarkeitstagebuch zu führen. Ob du dir ein vorgefertigtes zum Eintragen kaufst oder deine Gedanken in ein schönes Notizheft schreibst, ist dir überlassen. Lege es auf deinen Nachttisch, mach dir vor dem Zubettgehen Gedanken, wofür du heute dankbar bist. Schreibe dann mindestens drei Dinge auf. Jeder hat andere Dinge, für die er dankbar ist. Das kann vom Vogel am Himmel bis zum Lottogewinn reichen.

> **Reflexionsfragen für dich**
> - Dankbarkeit – Wofür bin ich dankbar?
> - Ehrfurcht – Wo ist mir heute ein Wunder begegnet?
> - Entspannung – Wann bin ich heute zur Ruhe gekommen?
> - Stolz – Was habe ich durch mein Handeln erreicht?
> - Resonanz – Wem habe ich heute eine Freude gemacht?

Diese fünf Fragen sind angelehnt an den Motivkompass® von Dirk W. Eilert (2020), um alle Motivfelder zu stärken (siehe Abschn. 4.2.3). Stelle dir diese Fragen mehrmals täglich und spüre das Gefühl nach jeder Frage nach.

> **Übung**
> Schreibe deine Biografie vom Beginn deiner Erinnerung bis heute. Jeder Erfolg, jede Herausforderung und alle Menschen in deinem Leben haben deinen Dank verdient. Nutze diese Übung, um dich bewusst mit dem Gefühl der Dankbarkeit zu beschäftigen. Spüre dann in dich hinein, wie es dir geht. Hat sich etwas verändert? Welche Erkenntnisse werden dir bewusst?

Dankbarkeit hat mit Demut zu tun: zu spüren, wofür ich dankbar bin, doch trotzdem die Bodenhaftung zu behalten. Erfolgreiche Menschen neigen dazu, zum „Überflieger" zu werden und nicht mehr bei sich zu sein. Im Wort Demut steckt Mut, den ich brauche, um mich selbst zu akzeptieren und hinabzusteigen in die Tiefen des eigenen Ichs.

Vorbild Vierbeiner

Hunde können durch Demutsgesten ihre friedlichen Absichten zeigen und vermeiden dadurch aktiv Auseinandersetzungen. Oft äußert sich Demut, indem sie ihrem Gegenüber die Lefzen lecken und auch sich selbst. Auf diese Weise können sie sich zudem selbst beruhigen.

Demut im Führungskontext bedeutet, nicht die eigenen Bedürfnisse und das eigene Ego in den Mittelpunkt zu stellen, sondern auf die Bedürfnisse des Teams zu achten und so gemeinsam ans Ziel zu kommen. Viele Menschen verwechseln Demut mit Unterwerfung und Schwäche, dabei ist Demut eine Stärke: Wer sich für ein höheres Ziel zurücknehmen kann, ist auf dem besten Weg zur Führungspersönlichkeit.

Demut bedeutet auch, Unveränderliches zu akzeptieren und das Beste aus verfahrenen Situationen zu machen. Das spart Ressourcen und schenkt Gelassenheit. Das bedeutet nicht, dass du alles hinnehmen sollst und in einer unbefriedigenden Situation resignierst! Vielmehr geht es darum, natürliche Grenzen zu akzeptieren. Es bringt niemandem etwas, immer wieder wie eine Fliege gegen die Glasscheibe zu donnern, die auch beim x-ten Mal nicht zu Bruch geht.

Reflexionsfragen für dich

- Was bedeutet Demut für dich?
- Wo braucht es mehr Demut in deinem Leben?
- Wofür bist du in deinem Leben dankbar?

5.1.5   Bettelst du schon?

Vorbild Vierbeiner

Es gibt kaum Dinge, die Maggy besser kann als betteln (siehe Abb. 5.2). Wenn ich esse und sie neben mir sitzt, setzt sie ihr traurigstes Gesicht auf und schaut mich an, als würde sie verhungern und gleich tot umfallen. Das können die meisten Hunde ausgezeichnet. Oft sind sie erfolgreich und bekommen, was sie wollen.

Wie ist es bei Menschen? Oft trauen wir uns nicht, um etwas zu bitten. Wir hoffen eher, dass der andere unseren Wunsch wahrnimmt und uns hilft, ohne dass wir die Bitte explizit aussprechen müssen. In Unternehmen ist das meist der Fall, wenn die Arbeitsbelastung zu hoch wird. Viele Menschen schieben dann mehr und mehr Überstunden, anstatt die Kollegen um Unterstützung zu bitten.

Abb. 5.2   Betteln leicht gemacht!

Wer, wie, was – wieso, weshalb, warum – wer nicht fragt, bleibt dumm. Übertragen auf Um-Hilfe-Bitten, bedeutet das, wenn du nicht fragst, wird dir keiner helfen. Um Hilfe zu bitten ist eine bewusste Entscheidung und kann bedeuten, dass derjenige Verantwortung übernimmt, um ein Problem zu lösen, anstatt den Kopf in den Sand zu stecken.

Kollegenhilfe verbindet, denn wenn du jemanden um Unterstützung bittest, fühlt sich der andere dadurch kompetent, sonst würdest du ja wohl kaum ihn um Hilfe bitten. Auch als Führungspersönlichkeit kannst du deine Mitarbeiter um Hilfe bitten, denn das zeigt, dass selbst du „Schwächen" hast und das macht dich umso sympathischer. Aber: Respektiere beim Bitten um Hilfe die Grenzen deiner Mitarbeiter. Wenn jemand (aus gutem Grund – und nicht etwa aus Bockigkeit) nein sagt, bohre nicht so lange nach, bis derjenige einknickt.

> **Reflexionsfragen für dich**
>
> - Wann hast du bisher gebettelt?
> - Wo wirst du künftig um Hilfe bitten?

5.2   Achtsamkeit – mindful or full in mind?

Sicher kennst du das: Du fährst im Auto und nutzt die Zeit, um alle Telefonate zu erledigen. Ist ja kein Thema, schließlich beherrschst du Multitasking. Du kommst an und fragst dich, wie du an dein Ziel gekommen bist. Unsere Aufmerksamkeit springt beim Multitasking hin und her und verbraucht enorm viel Energie. Du kannst von Glück reden, heil am Ziel angekommen zu sein. Wie lange willst du das noch machen?

> **Vorbild Vierbeiner**
>
> Hunde sind im Hier und Jetzt. Sie genießen den Moment und machen sich keine Gedanken, was noch alles zu tun ist. Ein Hund döst vor sich hin und chillt, bis die nächste Aufgabe kommt oder bis etwas Aufregendes passiert oder es in der Küche klappert …

Der Begriff findet sich in Manager-Seminaren, auf Dekoschildern und als hehres Ziel auf dem Neujahrswunschzettel: An Achtsamkeit kommt heute niemand mehr vorbei! Doch viele Menschen tun nach wie vor so, als wäre es spirituеller Quatsch. Achtsamkeit zu trainieren ist der Weg zu neuem Denken und die Möglichkeit, das Gehirn neu zu strukturieren. Sie bringt uns näher zu uns selbst und sorgt für innere Orientierung. Wer achtsam handelt, verleiht seiner Aktivität eine besondere Qualität und steigert seine Effektivität sowie die Konzentration.

Was ist Achtsamkeit?
Achtsamkeit ist einerseits die Fähigkeit, ganz im Moment zu sein. Dazu gehört auch, anderen gegenüber (vor-)urteilsfrei und offen gegenüberzustehen. Achtsamkeit ist also eine Haltung uns selbst und anderen gegenüber. In stressigen Zeiten ist Achtsamkeit besonders wichtig – und zugleich besonders herausfordernd. Achtsamkeit führt dich zur emotionalen Aufrichtigkeit. Hunde sind Meister der emotionalen Aufrichtigkeit.

Sehen wir uns einmal an, wie der typische Tag eines Managers manchmal ablaufen kann und was dies für Achtsamkeit bedeutet:

Der Wecker klingelt. Noch ganz benommen greift er ans Handy und checkt seine Mails. Im Posteingang erscheinen unzählige neue Nachrichten. Der Puls steigt und das Adrenalin kommt in Wallung. Er sprintet aus dem Bett und schaltet als Erstes den Kaffeevollautomaten an, sofern dieser noch nicht durch Smart-Home-Technologie vorprogrammiert und betriebsbereit ist. Schnell ins Bad, dann wird der Kaffee gezogen und dabei die erste Zigarette geraucht. Zeit für das Frühstück mit der Familie bleibt nur am Wochenende.

Das schlechte Gewissen plagt ihn, da er die Kinder am Morgen nicht sieht und meist so spät am Abend nach Hause kommt, dass die Kleinen bereits im Bett sind. Auf der Fahrt ins Büro werden die ersten Telefonate geführt und die Assistentin hat schon die ersten Hiobsbotschaften. Im Büro angekommen, wird schnell der Rechner hochgefahren, um die 30 Minuten zu nutzen, bevor das erste Meeting beginnt. Das Meeting ist uneffektiv, als es zu Ende ist, weiß niemand, was nun zu tun ist.

*Ein Termin jagt den nächsten und die Deadlines für die Projekte ver-
kürzen sich, was zusätzlichen Stress verursacht. So geht das den ganzen
Tag. Es bleibt keine Zeit, um etwas Vernünftiges zu essen und der Kaffee-
konsum steigt von Meeting zu Meeting. Am Nachmittag machen sich die
Rückenschmerzen wieder bemerkbar. Schnell greift er zur Tablette, denn
er muss ja den Tag überstehen und funktionieren. Am Abend – endlich
zurück am Schreibtisch – sieht er, dass der Posteingang wieder überquillt.
Er beantwortet einige Mails, ruft seine Frau an und teilt ihr mit: „Schatz,
ich schaffe es nicht zum Abendessen. Ob ich heimkomme, bis die Kinder ins
Bett müssen, weiß ich nicht." Die Enttäuschung und die Vorwürfe sind vorprogrammiert.*

*Endlich – viel zu spät – verlässt er das Büro. Im Auto überkommt ihn
der Frust, dass er heute niemandem gerecht wurde. Daheim angekommen,
schmollt seine Frau. Er trinkt ein Glas Wein oder ein Bier, um runterzu-
kommen, und ein weiteres, um einschlafen zu können. Endlich im Bett,
fragt er sich: „Wie lange halte ich das so noch durch? Ergibt das alles Sinn?"*

*Am Morgen geht das Ganze von vorne los – und täglich grüßt das
Murmeltier.*

Reflexionsfragen für dich

- Kannst du Parallelen zu deinem eigenen Leben erkennen?
- Was möchtest du dem Mann in der Geschichte raten?
- Was bedeutet Achtsamkeit für dich?

Auf Dauer wird sich dieser Zustand auf die physische und psychische
Gesundheit auswirken. Hier ist Achtsamkeit ein wichtiges Mittel, um
gegenzusteuern und (wieder) eine Balance herzustellen.

Vorbild Vierbeiner

Ein Hund will nicht ständig auf „on" sein; er macht Pausen, um Energie
zu tanken. Er wartet nicht, ob die nächste Hiobsbotschaft reinkommt, auf
die er wieder reagieren muss, sondern nimmt die Dinge, wie sie kommen.
Wenn ein Hund von seinem Schlafplatz aufsteht, streckt er erst mal alle
viere von sich, dehnt sich, gähnt und dann erst geht es los.

Davon können wir uns mehr als nur eine Scheibe abschneiden: Pausen machen, auftanken und das Gedankenkarussell abschalten. Wie das geht? Einfach weiterlesen!

Übung

Fangen wir am Morgen an: Anstatt beim ersten Weckerklingeln aus dem Bett zu springen oder sofort nach dem Smartphone zu greifen, bleibe noch einen Augenblick liegen. Das kostet nicht viel Zeit: Fünf Minuten reichen bereits aus.

Spüre in dich hinein: Was fühlst du? Was nimmst du wahr (warmer Stoff der Bettdecke, frischer Luftzug vom Fenster, Kaffeeduft aus der Küche)? Achte auf deinen Atem, spüre in deinen Körper. Frage dich: „Wie geht es mir gerade? Welcher Mensch will ich heute sein?"

5.2.1 Bis hierhin und nicht weiter – wenn der Körper Signale sendet

Bei manchen sind es Rückenschmerzen, bei anderen Kopfschmerzen, die immer dann auftauchen, wenn der Stress, der Druck, die Anspannung zu groß werden. Das ist das Signal des Körpers: „Stopp, bis hierhin und nicht weiter! Ich kann nicht mehr." Schlaflosigkeit, Heißhunger, Appetitlosigkeit, Gereiztheit, Müdigkeit, Kieferschmerzen, Nervosität, ständige Infekte oder Probleme mit dem Verdauungssystem sind typische Reaktionen auf zu viel Stress. Wenn du am Limit bist, sendet dir dein Körper Signale. Das ist gut so, denn es ist die Chance, die Reißleine zu ziehen und mehr auf deine Grenzen zu achten.

Doch viele Menschen wählen die andere Strategie, um damit umzugehen: Sie „reißen sich zusammen", „beißen die Zähne zusammen", unterdrücken Schmerzen mit Tabletten, bekämpfen Müdigkeit mit Kaffee und ignorieren alle Warnsignale. Das ist wie zwei Herzen in der Brust: Das eine kämpft, um sich Gehör zu verschaffen, und das andere bemüht sich, die ungewollten Botschaften tunlichst zu überhören.

Viele Führungskräfte versuchen das zu überspielen, greifen zu Schlafmitteln oder zu Alkohol, um überhaupt einschlafen zu können, und morgens zu reichlich Kaffee, um überhaupt wach zu werden. Sollte doch

Abb. 5.3 Innehalten zwischen Signal und Reaktion – Der erste Schritt zu mehr Achtsamkeit

mal freie Zeit sein, lenken sie sich mit Fernsehen, Internet und Co. ab, um den Signalen bloß keinen Raum zu geben.

Die schlechte Nachricht ist: Diesen Kampf kannst du nicht gewinnen! Nicht nur du selbst leidest, dein Umfeld leidet mit; deine Familie ebenso wie deine Mitarbeiter, die deine Launen ertragen müssen. Führungskräfte, die sich selbst so behandeln, können die Bedürfnisse der Mitarbeiter nicht wahrnehmen. Sie können weder sich noch andere gut führen. Zur Führungspersönlichkeit zu werden, bedeutet, seinem eigenen Körper Gehör zu schenken.

Zwischen dem Auftreten deines Körpersignals (z. B. Kopfschmerzen) und der Reaktion (z. B. Griff zur Schmerztablette) braucht es eine Bewusstheit darüber, was gerade ist (s. Abb. 5.3). Das wäre der erste Schritt zu mehr Achtsamkeit. Das kurze „Stopp", bei dem du innehältst und eine bewusste Entscheidung triffst, was jetzt zu tun ist, anstatt einfach nur zu reagieren.

Dieses Bild kannst du auch auf deinen Kommunikationsalltag übertragen. Du entscheidest darüber, wie du auf Signale oder auf Kommunikation von anderen reagierst. Dieses „Stopp" in deinem Alltag einzubauen, hilft dir, dich selbst und andere besser zu verstehen. Es steigert auf Dauer deine Sozialkompetenz.

Reflexionsfragen für dich

- Welche Signale sendet dir dein Körper, wenn es ihm zu viel wird?
- Wie gehst du damit um?
- Wie möchtest du damit umgehen?
- Wie erkennst du, wie es deinen Mitarbeitern geht?

5.2.2 Zwischen gestern und morgen – im Hier und Jetzt sein

Vorbild Vierbeiner

Hunde leben im Moment. Sie denken nicht daran, was später ist oder was in der Vergangenheit war (s. Abb. 5.4). Sie schalten ab, wenn es nichts zu tun gibt, und zwar vollständig – selbst dann, wenn sie vorher einer anstrengenden Tätigkeit nachgegangen sind. In ihren Köpfen gibt es kein Gedankenkarussell. Sie freuen sich, eine Aufgabe zu erfüllen, und dann ist es auch wieder gut. Dadurch sind sie höchst effektiv und einsatzfähig.

Abb. 5.4 Der Unterschied im Denken von Mensch und Hund

Eine kleine Geschichte zur Inspiration (frei abgewandelt nach einer zenbuddhistischen Parabel):

Ein Manager fragte den Hund: „Was machst du, um glücklich zu sein? Ich möchte auch so gechillt und zufrieden sein wie du!". Der Hund antwortete mit einem Lächeln: „Wenn ich hier auf meiner Decke liege, dann liege ich. Wenn ich fresse, dann fresse ich. Wenn ich durch die Wiesen streife und schnüffle, dann schnüffle ich."

Der Manager schaute skeptisch und sagte: „Du brauchst mich nicht zu verspotten. Was du sagst, das mache ich auch. Ich bin nicht glücklich. Was ist dein Geheimnis?" Der Hund antwortet das Gleiche: „Wenn ich hier auf meiner Decke liege, dann liege ich. Wenn ich fresse, dann fresse ich. Wenn ich durch die Wiesen streife und schnüffle, dann schnüffle ich."

Der Hund – der ja Mimik lesen kann – betrachtete den Manager und sah ihm seinen Ärger an. Dann antwortete er: „Sicher liegst du in deinem Bett, währenddessen grübelst und denkst bereits über das Aufstehen nach, weil du zu spät ins Bett bist und dich fragst, wie du den morgigen Tag überstehen sollst. Wenn du isst, liest du gleichzeitig deine Mails und wenn du spazieren gehst, telefonierst du. Deine Gedanken sind immer woanders, nie im Hier und Jetzt. Das Leben findet in dem Schnittpunkt zwischen Vergangenheit und Zukunft statt. Wenn du ganz im Augenblick bist, hast du die Chance, glücklicher und erfolgreicher zu werden."

Wer sich auf das konzentriert, was er gerade tut, lebt intensiver und glücklicher. Und er ist erfolgreicher in dem, was er tut. Warum ist das so? Wenn wir bei unseren Tätigkeiten immer in Gedanken bei unseren Sorgen, den ausstehenden To-dos, den nächsten Terminen sind, verschwenden wir eine Menge Energie. Wir widmen dem, was wir tun, nicht genug Aufmerksamkeit, um es effizient und gut zu tun. Der Stress, den wir dabei empfinden, tut sein Übriges: Er frisst Kraftreserven und Kreativität, macht uns dünnhäutig, unkonzentriert und gereizt. Wenn wir achtsam sind, arbeiten wir fokussierter. Durch die möglichst urteilsfreie Wahrnehmung des eigenen Tuns werden wir gelassener – und ein kühler Kopf arbeitet besser als eine „Glüh-Birne".

Reflexionsfragen für dich

- Geht es dir wie dem Manager oder dem Hund?
- Was bedeutet für dich, im Hier und Jetzt zu sein?

In Mitarbeiterbefragungen höre ich immer wieder: „Wir wünschen uns, dass der Chef im Gespräch präsent ist." Wenn ich zu Meetings gerufen werde, um im Nachhinein Feedback zu geben, fällt mir ebenfalls auf, dass einige Vorgesetzte geistig nicht recht anwesend sind oder ständig auf die Uhr schauen, weil der nächste Termin gleich beginnt. Kannst du dir nur annähernd vorstellen, wie wenig Wertschätzung das für deine Kollegen oder Mitarbeiter bedeutet?

Reflexionsfragen für dich

- Bist du präsent?
- Angenommen, ich frage deine Mitarbeiter, wie präsent du bist. Was würden sie mir antworten?

Das Auf-die-Uhr-Schauen erlebe ich bei Vertrieblern auf Messen immer wieder. Hier ist Zeit Geld, deshalb ist die Vorbereitung das A und O. Wie kommt sich der Kunde vor, wenn er erst ewig erzählen darf und dann vom Vertriebler unterbrochen wird, der beim Blick auf die Uhr feststellt, dass gleich der nächste Kunde kommt, und die wichtigsten Dinge noch nicht einmal angesprochen wurden? Sicher nicht gut. Vorteilhafter ist es, den Gesprächspartner vorab und rechtzeitig zu informieren, dass man aufgrund der begrenzten Messezeit und der vielen Kunden eine Stunde für ihn da sein würde und wir uns im Nachgang gerne wie gewohnt austauschen können. Die Gesprächspunkte schickt man den Kunden ebenfalls vorab zu, damit ein effektives Gespräch möglich ist. Dadurch besteht die Möglichkeit, sich gegenseitig kurz upzudaten und im Anschluss über die Zusammenarbeit zu sprechen. Auf diese Weise sind Zeitrahmen und Inhalte für alle Beteiligten klar und es gibt keine enttäuschten Gesichter, sondern Resultate!

Zeit sparen kannst du viel effektiver, indem du nicht lange um den heißen Brei redest (siehe Abschn. 4.3) und dafür während des Gesprächs präsent bist.

„Wenn ich mehr Zeit hätte ...“ – Chronos und Kairos

Es gibt Menschen, die scheinbar unbegrenzt Zeit haben, denen neben dem verantwortungsvollen Job noch jede Menge Freizeit bleibt, um Familienausflüge zu unternehmen, Hobbys auszuleben, nebenbei den Garten zu machen und das Wochenendhäuschen zu renovieren ... Doch selbst für sie hat der Tag nur 24 h, die Woche nur sieben Tage. Wie machen die das bloß?

Sofern es sich bei denjenigen nicht um die seltene Spezies der Superhelden handelt, gehen sie mit ihrer begrenzten Zeit einfach verantwortungsvoller um. Hier kommen Chronos und Kairos ins Spiel. Sie sind nach den gleichnamigen griechischen Göttern benannt. Chronos ist die Zeit, die permanent vergeht, wie der Sand, der durch die Sanduhr rinnt. Wenn du nach Chronos lebst, also nach dem Chronometer, dann wirst du nie Zeit haben, dich stets gestresst fühlen und dich womöglich noch darüber ärgern. Doch Chronos ist gerecht, denn für jeden Menschen ticken die Uhren gleich. Es kommt darauf an, womit und mit wem wir die begrenzte Zeit verbringen.

Kairos, der wichtigere der beiden Zeitgötter, symbolisiert hingegen die Gunst der Stunde, den besonderen Augenblick. Er steht für die Qualität der genutzten Zeit. Und diese Chance haben auch Top-Manager. Viele Manager denken zwar, es sei effektiv, wenn sie von einem Termin zum nächsten hetzen, multitasken, sich nebenbei noch tausend Gedanken um etwas ganz anderes machen, doch am effektivsten sind sie in der Stunde Auszeit des Tages, die in jeden Terminkalender gehört. So hat der Kopf Zeit für wirklich kreative Ideen.

Vorbild Vierbeiner

Hunde brauchen kein Chronometer, also keine Uhr. Eine teure schon gar nicht, weil sie sich nicht an Statussymbolen messen. Sie nutzen Kairos und die innere Uhr. Diese funktioniert bei Hunden weit besser als bei Menschen. Ein Hund hat seine Termine im Kopf. Warum? Weil er nicht so viele hat. Die Termine bestehen meist aus Essen, Chillen, Schlafen und Spaß. Der Spaß besteht bei meinen Hunden daraus, dass wir gemeinsam Aufgaben lösen wie z.B. Führungskräftetraining, Mantrailing, Intelligenzspiele oder Apportieren (s. Abb. 5.5).

Abb. 5.5   Der Terminkalender eines Hundes

Reflexionsfragen für dich

- „Wenn ich mehr Zeit hätte, dann ..." Kommt dir der Satz bekannt vor? Was würdest du dann tun? Was spricht dagegen, eine dieser Sachen *jetzt* anzugehen?
- Wie ist dein Verhältnis von Chronos zu Kairos?
- Wo wünschst du dir mehr Kairos?
- Wo passt eine kreative Auszeit in deinen Kalender?
- Wo baust du dir in deinem Terminplan Pausen ein, um die Gunst der Stunde zu nutzen?

Destruktive Defokussierung und der Multitasking-Mythos

Lust auf ein Experiment? Setze dich auf einen Stuhl. Mit deinem rechten Fuß malst du im Uhrzeigersinn Kreise in die Luft. Gleichzeitig zeichnest du mit der rechten Hand eine 6 in die Luft. Viel Erfolg!

Glaubst du wirklich, dass du effizient bist, wenn du mehrere Sachen gleichzeitig machst? Das ist ein Mythos. Wir verbrauchen viel mehr Energie, wenn wir mehrere Dinge auf einmal tun, als wenn wir sie nacheinander angehen. Unser Gehirn kann sich nur voll auf *eine*

Sache konzentrieren. Beim Multitasking ist es gezwungen, in Rekord-geschwindigkeit zwischen mehreren Aufgaben hin- und herzuspringen. Wir werden ineffizient.

Um beim Vergleich mit den cleveren Vierbeinern zu bleiben: Wer zwei Hasen gleichzeitig jagt, wird keinen erwischen. Deshalb ist es wichtig, deine Mitarbeiter mitgestalten zu lassen und Dinge „abzu-geben", damit du dich auf weniger Dinge konzentrieren kannst. Das gibt dir Kraft und zeigt deinen Mitarbeitern, dass du ihnen vertraust und etwas zutraust – eine Win-win-Situation!

Vorbild Vierbeiner

Maggy ist extrem fokussiert, wenn sie beispielsweise voller Elan ver-sucht, ihr Spielzeug zu erwischen oder versteckte Dinge zu suchen. Sie spielt und rennt mit extremer Motivation. Dabei ist es ihr völlig egal, ob ihre Kollegin Mira sie zum Spiel auffordert oder andere Hunde am Strand vorbeispazieren.

Vielleicht geht es dir wie vielen Menschen: Während du an einer Auf-gabe sitzt, schießen dir eine ganze Reihe unerledigter Aufgaben durch den Kopf. Mit deiner aktuellen Aufgabe kommst du nicht weiter, dafür türmen sich die To-dos zu bedrohlichen Bergen auf. Das lähmt. Dann kann die folgende kleine Übung helfen.

Übung

Notiere die Gedanken auf einem Zettel oder in einer Datei. Gib den einzelnen Punkten eine Priorität und lege die Liste anschließend weg (bzw. schließe die Datei). Das entlastet deinen Kopf und er braucht sich nicht permanent noch mit den anderen Dingen zu beschäftigen, sondern kann sich auf das konzentrieren, was du gerade tust.

Wenn du merkst, dass du gerade mit deinen Gedanken nicht bei der Sache bist, frage dich: „Was ist jetzt? Was ist in diesem Augenblick wichtig?" Atme einmal tief ein und etwas länger aus, um deinen Fokus zu schärfen. Diese Übung kannst du beim Telefonieren, auf einem kurzen Weg, auf der Toilette oder im Meeting anwenden.

Warum die Digitalisierung Fluch und Segen zugleich ist
Durch ständige Ablenkungen verlieren wir immer wieder den Fokus auf das, was wir gerade machen. Telefonklingeln, aufpoppende E-Mails und Social-Media-Nachrichten stehen auf der Liste der Ablenkungen ganz oben. Die Digitalisierung und die künstliche Intelligenz erleichtern unseren Alltag zwar in vielen Bereichen, doch ist uns auch bewusst, dass wir ohne die ständige Erreichbarkeit und unseren Terminkalender im Handy aufgeschmissen wären?

Mit der Digitalisierung steigt die Gefahr, dass wir uns von uns und unserem Körperempfinden entfernen. Die erste Handlung am Morgen ist der Griff zum Smartphone, die letzte am Abend ebenfalls. Viele Menschen sind regelrecht süchtig nach den digitalen Medien. Sie sind „always on". Im Durchschnitt verbringen wir 3,7 h pro Tag mit unserem Smartphone (Frankfurter Allgemeine Zeitung 2020). Hier kann es helfen, feste Zeiten für das E-Mail-Abrufen einzuführen. Alternativ kannst du das automatische Aufpoppen hereinkommender Nachrichten ausschalten.

Probiere einmal Folgendes aus: Nimm dir jeden Tag zwei bis drei Zeitblöcke, die du zur „stillen Stunde" deklarierst. In der Zeit schließt du das E-Mail-Postfach, leitest Anrufe weiter und schaltest den Flugmodus ein oder das Handy aus. Vermutlich wird es dir anfangs schwerfallen, diese äußerst produktive Zeit wirst du jedoch sicher schon bald nicht mehr missen wollen.

Vielen fällt die Fokussierung auf eine einzige Sache sehr schwer. So werden Projekte nicht (rechtzeitig) fertig und wir sind frustriert. Es ist deshalb essenziell, den Geist wieder zu trainieren, um den Fokus zu halten. Dieses Verhalten der eigenen Defokussierung geben wir an unsere Kinder weiter. Wenn wir das vermeiden möchten, sind wir gut beraten, bei uns selbst zu beginnen.

Wenn es dir besonders schwerfällt, an einer Sache langfristig dranzubleiben, z. B. ein bestimmtes Ziel zu verfolgen, hilft möglicherweise folgender Tipp:

> **Tipp:** Halte inne und frage dich: Sind Motivation, Ziele und Ressourcen wirklich gut aufeinander abgestimmt? Lohnt es sich wirklich, dieses Ziel weiterzuverfolgen? Wenn ja, braucht es dafür Planung und Disziplin.

5.2.3 Gelassenheit auf der Bühne deines Lebens – in der Ruhe liegt die Kraft

> **Vorbild Vierbeiner**
>
> Mira macht auf der Bühne erst mal eine Yogaübung, um gelassen zu bleiben, bevor der Trubel losgeht und Hunderte von Menschen auf ihren und meinen interaktiven Vortrag warten (s. Abb. 5.6). Damit ist Mira nicht allein: Ein Hund bleibt gelassen, wenn seine Bedürfnisse gestillt werden, wenn er eine Aufgabe hat und das Verhältnis zwischen An- und Entspannung – also die Dog-Life-Balance – stimmt.

Abb. 5.6 Gelassenheit auf der Bühne vor dem Start

Doch wie schwer ist es, gelassen zu bleiben, wenn's mal wieder nicht nach Plan läuft! Wir sind schnell auf 180, werden hektisch, verfallen in blinden Aktionismus und machen damit unser Umfeld verrückt. Gute Ergebnisse sind dann nicht zu erwarten. Konstruktiver Umgang mit anderen ebenso wenig. Gelassenheit erfordert Ruhe im Kopf, die uns dann wieder handlungsfähig werden lässt. Dabei kann die folgende Übung helfen.

Übung

Wenn du mal wieder aus der Haut fahren möchtest, halte einen Augenblick inne. Zähle von 60 rückwärts und konzentriere dich auf deinen Atem. Meist hilft eine kleine Pause bereits, um emotional ein bisschen abzukühlen. Mach dir bewusst, dass dir sicher eine Lösung einfallen wird, selbst wenn du jetzt gerade noch keine siehst. Die Erinnerung an vergangene Erfolge und gemeisterte Krisen hilft dir dabei.

Versuche mehr Bewusstheit zu etablieren, indem du bei Reizen oder Signalen auf „Stopp" schaltest, bevor du darauf reagierst.

Gelassenheit beginnt im Kopf. Je achtsamer du wirst, umso mehr Gelassenheit kommt in dein Leben. Gelassene Menschen sind gesünder, glücklicher, grübeln weniger und können klügere Entscheidungen treffen. Doch Gelassenheit per Knopfdruck gibt es leider nicht. In Abschn. 5.2.4 findest du zehn Übungen, die dir dabei helfen können, Achtsamkeit im Alltag zu etablieren und langfristig gelassener zu werden.

Reflexionsfragen für dich

- Wie reagierst du, wenn du von schlechten Nachrichten überrascht wirst?
- Wie möchtest du zukünftig reagieren?
- Was zeichnet deiner Meinung nach Gelassenheit aus?

Ein Fels in der Brandung – Erfolgsfaktor Souveränität

Souveräne Menschen sind selbstsicher, übernehmen Verantwortung, stehen zu Fehlern und haben ein realistisches Selbstbild.

Vorbild Vierbeiner

Beim Hund wird die Souveränität, wie beim Menschen, schon im Mutterleib und durch die Erziehung geprägt. Wie souverän er ist, hängt zudem davon ab, ob er in der Komfortzone und in der Lernzone (siehe Abschn. 5.3.1) aufgewachsen ist. Idealerweise hat er souveräne Vorbilder in seinem Hundeleben, die ihm Sicherheit und Orientierung geben. Souveräne Hunde jagen nicht jeder Gelegenheit nach und bellen nicht bei jedem Spaziergänger, der vorbeiläuft. Sie bleiben eher ruhig und gelassen. Natürlich gibt es auch das Gegenteil – die „Kläffer", die bei jeder Gelegenheit bellen und den „Schwanz einziehen". Das liegt möglicherweise daran, dass sie bei der Aufzucht von unsouveränen Hunden oder Menschen umgeben waren oder schlecht gehalten wurden. Hier ist es (wie beim Menschen) notwendig, Schritt für Schritt in Richtung Sicherheit und Souveränität zu gehen.

Auch unter den Menschen gibt es solche und solche. Wir alle kennen sie: die Menschen, die in brenzligen Situationen cool bleiben und souverän sind. Souveräne Menschen reden anderen nicht nach dem Mund, haben ihre eigene Meinung und hängen ihr Fähnchen nicht in den Wind. Das macht sie nicht immer beliebt, dafür umso resilienter im Umgang mit Krisensituationen. Sie sind sich ihrer eigenen Stärken und Schwächen bewusst.

Doch Souveränität ist nicht gleichzusetzen mit Ignoranz: Souveräne Menschen interessieren sich für die Ansichten anderer. Sie sind mutig und schlagen neue Wege ein, selbst auf die Gefahr hin, in die Irre zu gehen. Sie „knabbern" nicht an Fehlern, sondern lernen daraus. Sie meistern Krisen leichter, weil sie früh gelernt haben, ihre Gefühle und ihr Verhalten in schwierigen Situationen zu kontrollieren. Dadurch reagieren sie besonnener als andere. Sie lassen sich nicht so leicht von Angst beherrschen, dadurch leben sie letztlich gesünder; denn Angst macht auf Dauer krank. Unsichere Menschen ignorieren oft eigene Bedürfnisse und Überzeugungen, nur um anderen zu gefallen. Getreu dem Motto: „Everybody's darling wird leicht zu everybody's Depp." Wer willst du sein?

Reflexionsfragen für dich

- Bist du ein Fähnchen im Wind oder der Fels in der Brandung?
- Was lässt dich stark sein?

5.2.4 Full in mind – zehn Ideen für mehr Bewusstheit im Alltag

Die Vergangenheit kannst du nicht mehr ändern und die Zukunft kannst du nur beeinflussen, wenn du die Gegenwart veränderst. Hierfür ist ein Verständnis für den Moment essenziell. Die folgenden zehn Übungen können dir dabei helfen.

Übung

- **Übung 1:** Vereinbare einen Termin mit dir selbst. Notiere dir diesen gerne im Kalender. Nimm dir täglich ein paar Minuten Zeit und gehe an einen Ort deiner Wahl. Versuche wahrzunehmen, was ist, und frage dich: Was sehe ich? Was höre ich? Was rieche bzw. schmecke ich? Was fühle ich? Wie geht es mir wirklich? Welche Gedanken habe ich? Was beschäftigt mich?
- **Übung 2:** Beobachte deinen Atem: Wo spürst du ihn? Wie schnell bzw. langsam fließt er? Sprich in Gedanken mit: „Ich atme ein, ich atme aus". In hektischen Situationen, z. B. vor wichtigen Meetings, atme mindestens drei- bis fünfmal ganz tief ein und aus.
- **Übung 3:** Verwandle Bürowege in Achtsamkeitswege, indem du bewusst deine Fußsohlen wahrnimmst und spürst, wie du Schritt für Schritt gehst, wie du mit beiden Beinen den Boden berührst, wie du gezielt einen Fuß vor den anderen setzt.
- **Übung 4:** Probiere es mit Tiefenentspannung. Diese 20-Minuten-Übung von Alexandra Schaller (vorm. Bartl) kannst du locker in deiner Mittagspause machen, um neue Energie zu tanken: https://www.youtube.com/watch?v=E9qjHnTxxxY
- **Übung 5:** Leerlauf gibt es in unserem eng durchgetakteten Tag nur selten. Wenn wir dann im Stau stehen, die Bahn mal wieder auf sich warten lässt oder wir zielsicher die langsamste Schlange an der Supermarktkasse erwischt haben, macht uns das regelrecht aggressiv. Dabei sind diese Zeiten ein kleines Geschenk: Nutze sie, um einmal durchzuatmen, dein Umfeld mit allen Sinnen zu spüren und dich auf den Moment einzulassen.
- **Übung 6:** Stelle dir eine Schublade oder Ähnliches vor, in die du abends die To-dos der nächsten Tage gedanklich hineingibst und erst

am nächsten Tag wieder öffnest. Alternativ kannst du dir dafür einen Koffer, einen Korb o. Ä. vorstellen.

- **Übung 7:** Bevor du abends nach Hause gehst, mache einen Spaziergang, bei dem du den Tag Revue passieren lässt und ihn gedanklich abschließt. Wenn du dafür mal keine Zeit hast, kannst du alternativ in deinem Auto sitzen und diese Übung machen.
- **Übung 8:** Lege eine digitale Schweigestunde ein. Das bedeutet: Nimm dir eine Stunde Zeit pro Tag, in der du offline bist und nicht fernsiehst. Idealerweise nutzt du dazu die Stunde vor dem Schlafengehen.
- **Übung 9:** Die Übung Dankbarkeitstagebuch kennst du bereits aus Abschn. 5.1.4. Auch sie hilft dir dabei, achtsamer zu werden. Alternativ: Überlege dir am Abend vor dem Einschlafen, was heute gut lief, z. B. ein paar nette Worte von Person X, die kleine Extraportion Sahne auf dem Obstsalat, die dir die nette Kantinenmitarbeiterin gegeben hat, der herrliche Frühlingsduft, der bei der Rückfahrt durchs Autofenster reinkam. Selbst an richtig miesen Tagen gibt es kleine positive Erlebnisse – garantiert!
- **Übung 10:** Übe dich täglich in Meditation. Ob du mit einer geführten Meditation beginnst oder still meditierst, kommt auf deinen Geschmack an.

Suche dir aus den Übungen ein bis zwei heraus und praktiziere diese für ein paar Wochen. Anschließend kannst du andere ausprobieren. Wenn du das dauerhaft tust, wird es die gewünschte positive Veränderung hervorrufen.

Reflexionsfragen für dich

- Was tust du bereits für dich?
- Welche Übung wirst du in deinem Alltag integrieren?
- Wie kannst du dich daran erinnern, damit du die Übung nicht vergisst?

5.3 Umdenken und Mindset – Erfolg entsteht zwischen den Ohren

Das Mindset macht einen wesentlichen Teil unseres Erfolgs aus, deshalb lohnt es sich, dass wir uns näher damit beschäftigen. Beginnen wir mit einer Geschichte zur Inspiration – der Geschichte vom Adler, der glaubte, ein Huhn zu sein (nach einer afrikanischen Fabel):

Ein Bauer fand ein Adler-Ei und legte es einer seiner Hennen ins Nest. Der Adler wurde zusammen mit den Küken ausgebrütet und wuchs mit ihnen auf. Da er sich für ein Huhn hielt, gackerte er. Er schlug mit den Flügeln und flatterte immer nur höchstens einen oder anderthalb Meter in die Höhe – wie ein anständiges Huhn. Er scharrte in der Erde nach Würmern und Insekten.

So verging Jahr um Jahr und der Adler wurde alt. Eines Tages sah er einen prächtigen Vogel, der hoch oben am Himmel majestätisch seine Kreise zog. Bewundernd blickte der alte Adler nach oben.

„Wer ist das?", fragte er ein Huhn, das gerade neben ihm stand.

„Das ist der Adler, der König der Vögel", antwortete das Huhn.

„Wäre es nicht herrlich, wenn wir auch so hoch am Himmel kreisen könnten?"

„Vergiss es", sagte das Huhn. „Wir sind nur Hühner."

Also vergaß der Adler es wieder. Er lebte genauso weiter und starb in dem Glauben, ein Huhn gewesen zu sein.

Es braucht das Wissen, ein Adler zu sein, um nicht als Huhn zu sterben. Hier kannst du bei dir selbst ansetzen. Es zählt zu deinen Aufgaben, deinen Mitarbeitern „Flügel zu verleihen". Manche Führungskräfte lassen Mitarbeiter in dem Glauben, ein Huhn zu sein. Führungspersönlichkeiten entwickeln Mitarbeiter zu Adlern. Das ist Potenzialentfaltung!

Reflexionsfragen für dich

- Wie interpretierst du die Geschichte?
- In welcher Figur entdeckst du dich wieder?
- Welche Stärken, Talente und Potenziale lebst du aktuell nicht in vollem Maße aus?
- Wie sieht es bei deinen Mitarbeitern aus? Woran machst du das fest?
- In welchem Glauben führst du deine Mitarbeiter: in dem Glauben, ein „Huhn" oder ein „Adler" zu sein?

Was ist denn nun ein Mindset?

Als Mindset werden die Denkweisen, Einstellungen, Überzeugungen sowie Verhaltensmuster bezeichnet. Die innere Haltung und Einstellungen, nach denen wir handeln, denken und fühlen, werden geprägt von den Erfahrungen, die wir im Laufe des Lebens machen.

Übung

Im Folgenden findest du neun Punkte. Verbinde alle neun Punkte mit einem Stift mit maximal vier gerade Linien, ohne deinen Stift abzusetzen.

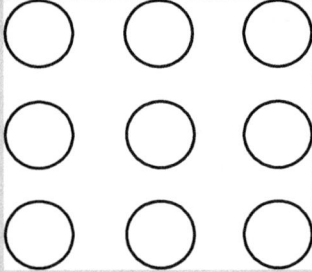

Und … geschafft? Mit welchem Denken bist du an die Übung herangegangen?
Übrigens: Die Lösung der Aufgabe findest du am Ende des Kapitels.

Soft Skills und das entsprechende Mindset sind die Kompetenzen der Zukunft, die wir der digitalen Welt voraus haben. Die Psychologin Carol Dweck (2007) hat herausgefunden, dass es zwei Arten von Mindset gibt: Fixed Mindset und Growth-Mindset (s. Tab. 5.2). Und das ist keine Frage des Alters! Das Fixed Mindset ist ein häufiges Hindernis für Erfolg auf ganzer Linie und zwar für alle Altersklassen. Das gilt für jeden einzelnen Menschen sowie für ganze Unternehmen. Damit ein Kulturwandel im Unternehmen gelingt, braucht es deshalb einen sinnvollen Grund, den die Menschen verstehen. Dann erkennen sie, wofür es sich lohnt, die Veränderung mitzutragen und voranzutreiben.

Du weißt, worauf ich hinauswill: Für ein Growth-Mindset, das voll auf Erfolg gepolt ist, ist Out-of-the-box-Denken gefragt (s. Abb. 5.7). Wenn wir unserem alten Denken verhaftet bleiben, kommen wir nie voran. Unsere Glaubenssätze (siehe Abschn. 5.3.2) halten uns fest! Sprenge deine Grenzen im Kopf, die dir gesetzt wurden und die du dir gesetzt hast bzw. immer noch setzt. Unser Gehirn ist hoch flexibel

Tab. 5.2 Fixed Mindset und Growth-Mindset

	Fixed Mindset (=starr, unflexibel)	Growth-Mindset (=wachstumsorientiert, dynamisch)
Beispiel	Ist überzeugt, dass es vom eigenen Talent abhängt, ob etwas funktioniert.	Ist überzeugt, eigene Fähigkeiten weiterentwickeln zu können.
Eigenschaft	Statisches Selbstbild Starres Denken Sicherheitsorientierung	Dynamisches Selbstbild Wachstumsdenken Herausforderung
Beispiel	Sieht Fehler als Bedrohung an und fühlt sich dadurch abgewertet.	Sieht Fehler als Helfer, um Neues auszuprobieren und sich weiterzuentwickeln.
Denken und Resultate	Dasselbe alte Denken führt zu denselben alten Resultaten.	Neues Denken führt zu neuen Resultaten.
Typische Aussagen	Das geht nicht, das funktioniert doch nie!	Es geht noch nicht.

Abb. 5.7 Think outside the box!

und formbar bis ins hohe Alter. Dies nennt man Neuroplastizität, was ein Growth-Mindset jederzeit möglich macht. Mach dir bewusst: Du kannst dich verändern und alles ist möglich.

Damit sich dein Mindset verändern kann, braucht es Selbstreflexion. Um dauerhaft zu einem Growth-Mindset zu gelangen, habe ich dir in diesem Buch jede Menge Reflexionsfragen gestellt und viele Anregungen gegeben.

Tipps, wie du zu einem „Out-of-the-box-Denken" gelangst:

- Lass dir von niemanden einreden, dass du etwas nicht kannst!
- Probieren geht über Studieren!
- Lerne zu akzeptieren, dass es nach ein paar Vorwärtsschritten wieder einen zurückgehen kann. Lass dich nicht abbringen und suche dir Gefährten!
- Überprüfe anhand von erlebten Situationen, ob du eher statisch oder wachstumsorientiert gedacht hast. Trainiere, wachstumsorientiert zu denken.
- Überprüfe deine Sprache: Nutze „noch nicht" anstatt „das kann ich nie". „Ich habe *noch* nicht die Fachkompetenz, um diese Aufgaben zu meistern" anstatt „ich werde nie die Fachkompetenz haben, diese Herausforderung zu meistern". Wie wichtig Kommunikation ist, hast du bereits in Kap. 4 erfahren. Dein Denken verändert deine Kommunikation mit dir und mit anderen.
- Lerne von deinem Vorbild! Analysiere seine Fähigkeiten und schaue, was derjenige dafür getan hat, sich so zu entwickeln. Somit erkennst du, was du tun kannst, um dorthin zu kommen.
- Lass keine Ausreden gelten wie z. B.: „Ich habe keine Zeit für …"

5.3.1 Veränderung kann anstrengend sein – doch sie lohnt sich!

Menschen mögen in der Regel keine Veränderung, das ist eine natürliche Haltung. In der Komfortzone „auf der Couch" zu bleiben, bietet mehr Schutz. Je ausgeprägter das Sicherheitsbedürfnis, desto größer ist die Angst, sich oder etwas zu ändern. Der Trigger von Angst ist die Bedrohung des psychischen und körperlichen Wohlbefindens und das kann das System vollkommen blockieren. Wenn du dir von deinen Mitarbeitern ein positives Mindset wünschst, bist du gut beraten, damit selbst zu beginnen. Die Basis dafür bildet die Bereitschaft, sich zu verändern.

Oft braucht es nur einen Perspektivwechsel. Stell dir vor, du bist Außenstehender und betrachtest eine Herausforderung oder eine Situation von oben, aus der sogenannten Metaebene. Wenn du es schaffst, diesen Perspektivwechsel hinzubekommen, ist das der erste Schritt, dein Mindset zu verändern. Den Perspektivwechsel kannst du so schaffen:

- Bleibe unvoreingenommen und bewerte nicht. Sei offen!
- Probiere Dinge, die du sonst auf immer gleiche Weise machst, anders zu machen. So können sich Gewohnheiten ändern.
- Bitte dein Umfeld immer wieder um Feedback. So kann sich die Lücke zwischen Selbst- und Fremdbild schließen.
- Denke an dein Vorbild und überlege dir, wie derjenige in dieser Situation handeln würde.

Es gibt zwei Wege, um neuronale Netzwerke für neues Verhalten entstehen zu lassen.

1. Menschen tun etwas Neues.
2. Sie stellen sich vor, etwas anders oder neu zu tun.

Beide Möglichkeiten können wir uns zunutze machen. Durch die Arbeit mit inneren Bildern können wir unsere synaptischen Verbindungen sowie unser Verhalten verändern. Du kommunizierst ständig in deinem Kopf – ob positiv oder negativ. Dein Gehirn produziert ständig Bilder. Nutze aktiv die Bilder in deinem Kopf für deine Veränderung.

Übung

1. Schließe die Augen und denke nicht an einen weißen Elefanten. Und? Welches Bild stand vor deinem inneren Auge?
2. Was siehst du hier?

    $2 \times 7 = 14$

    $3 \times 7 = 21$

    $4 \times 7 = 28$

    $5 \times 7 = 36$

    $6 \times 7 = 42$

> 7 x 7 = 49
> Den einen Fehler oder die fünf richtigen Aufgaben? Die Frage ist, wo
> war dein Fokus? Das ist wie mit dem Glas – die einen sehen ein halb-
> leeres, andere sehen ein halbvolles Glas.

Mach dir Gedanken über deine Gedanken und nutze dein Mindset! Denn dein Mindset entscheidet darüber, ob du dich ärgerst oder lachst. Bedenke: Mit einer Minute Ärger schwächst du dein Immunsystem für vier bis fünf Stunden. Mit einer Minute Lachen stärkst du es dagegen für 24 h! It's up to you!

> **Reflexionsfragen für dich**
>
> – Stell dir vor, dir fällt ein volles Glas auf den Küchenboden. Wie
>   kommunizierst du mit dir?
> – Wie möchtest du mit dir kommunizieren?
> – Was braucht es, um die innere Kommunikation zu verändern?
> – Welche Tipps zum „Out-of-the-box-Denken" willst du ausprobieren?

Dein Mindset hilft dir außerdem, Veränderungen von außen gut zu verkraften, die du nicht beeinflussen kannst, etwa unvorhersehbare Krisen oder eine Unternehmensübernahme. Mit einem Growth-Mindset wird es leichter möglich, Herausforderungen zu meistern.

> **Vorbild Vierbeiner**
>
> Hunde checken den Ist-Zustand und passen sich den Gegebenheiten
> an. Sie sind Meister des Umdenkens. Ein Beispiel: Ein Straßenhund, der
> gerettet wird und das Glück hat, ein neues Zuhause zu finden, passt sich
> an. Von der Straße auf die bequeme Couch, das ist Veränderung!

Jede Veränderung benötigt zum Gelingen auch Einfühlungsvermögen. Wie schnell kann und darf eine Veränderung vonstattengehen? Damit sich beispielsweise Routinen verändern, sind oft viele kleine Schritte erforderlich. Routinen können in gewissen Situationen sehr hilfreich sein, weil sich das Hirn mit wichtigeren Dingen beschäftigen kann.

Doch in manchen Situationen sind eingefahrene Routinen kontra-produktiv.

Menschen passen sich unterschiedlich schnell an neue Bedingungen oder Prozesse an. Bleib daher im engen Austausch mit deinen Mit-arbeitern, um zu erkennen, wie gut sie mit einer bestimmten Ver-änderung klarkommen. Achte dabei nicht nur auf das Gesagte, sondern ebenso auf die Mimik (siehe Abschn. 4.2.3). Wenn jemand eine Neuerung gut verkraftet, fühlt er sich wohl – und das macht sich an der Körpersprache bemerkbar.

Raus aus der Komfortzone, runter von der Couch

- **Komfortzone – EASY** (s. Abb. 5.8): Das ist wie gemütlich auf dem Sofa zu liegen, deine Wohlfühloase. Hier kennst du dich aus, hier hast du Routine. Du fühlst dich sicher und hast alles unter Kontrolle. Hier gehst du kaum Risiken ein und erfüllst die Erwartungen anderer. Wenn du nur in dieser Zone bleibst, wirst du dich eines Tages fragen: „Habe ich gelebt oder bin ich gelebt worden?" Kennst du diejenigen, die sich deshalb das Leben „schönreden" und Aus-

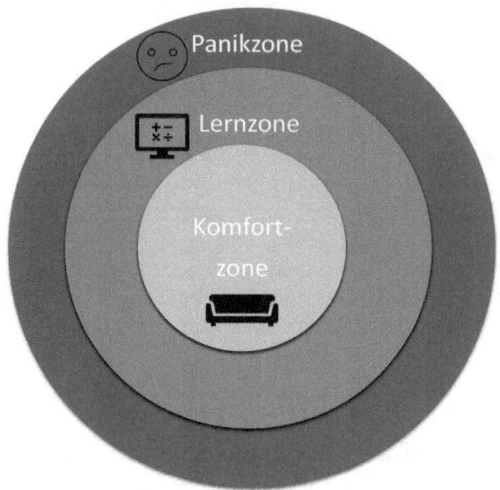

Abb. 5.8   Raus aus der Komfortzone

reden finden, warum dieses und jenes nicht funktioniert, weil sie Angst haben, über den Tellerrand zu blicken?

- **Lernzone – ROCK IT:** Hier wird dein Geist gedehnt, du lernst Neues, meisterst Herausforderungen, veränderst dein Mindset und etablierst Fähigkeiten. In dieser Zone kannst du dein Potenzial entfalten und dich weiterentwickeln, ein Leben lang. Hier entsteht Wachstum.
- **Panikzone – MAYDAY:** Hier kommt Stress auf und Überforderung setzt ein. Es kann zu Kontrollverlust und Lähmung kommen. Hier gibt es zu viel Neues und zu wenig Gelerntes, Sicheres oder Vertrautes. Eine gewisse Zeit kannst du in der Panikzone sein – nicht auf Dauer, denn es kann passieren, dass du unter extremem Druck zerbirst und auf ein Burn-out zusteuerst. Ich wage mich des Öfteren dorthin, es entsteht zwar hoher Druck – doch durch hohen Druck entstehen (Roh-)Diamanten.

Das wahre Leben beginnt jenseits der Komfortzone. Die gute Nachricht ist: Jeder kann die Komfortzone verlassen! Die Hirnforschung zeigt, dass sich selbst Menschen im hohen Alter verändern können. Es benötigt nur kleine Schritte und Veränderungen im Alltag, dann entstehen neue Netzwerke und Datenautobahnen im Gehirn.

> **Vorbild Vierbeiner**
>
> Für den Hund ist Komfortzone der bevorzugte Liegeplatz, hier fühlt er sich wohl, sicher und zu Hause. Hunde brauchen manchmal Ermutigung, die Komfortzone zu verlassen, doch sie sind meist sehr lernwillig und offen für Neues. Mira ist besonders lernwillig, liebt es, Tricks zu üben und Intelligenz-Brettspiele zu machen.
>
> Hunde lassen sich im Vergleich zu uns viel schneller darauf ein, die Komfortzone zu verlassen. Wenn etwas überzeugend wirkt, legen sie los. Wir Menschen finden oft erst mal Ausreden, warum dies oder das nicht funktioniert.

Mit Ausreden lassen tun sich manche schwer, doch mit Ausreden erfinden sind die meisten schnell dabei. In Coachings erlebe ich ständig die sogenannte „Ja, aber bei mir geht das nicht …".-Ausrede.

Reflexionsfragen für dich

- In welcher Zone bewegst du dich?
- In welcher Zone bewegen sich deine Mitarbeiter?
- Gibt es etwas, was du schon immer mal machen wolltest und dich bislang nicht getraut hast?
- Wenn ja, was hat dich daran gehindert?
- Was würde passieren, wenn du es ausprobierst und damit scheiterst?
- Was würdest du daraus lernen?
- Wo findest du noch Ausreden?

Kann das weg? – Entrümpeln innen und außen

Aus meiner Sicht gibt es einen Zusammenhang zwischen vollgestopften Wohnungen und Chaos im Kopf. In beiden Fällen fehlt der Fokus auf das Wesentliche, das Wichtige und Schöne. Deshalb kann der erste Schritt zu mehr Klarheit darin bestehen, die Wohnung bzw. das Haus und dein Büro zu entrümpeln. Dabei können dir die Bücher von Marie Kondo helfen, z. B. „Magic Cleaning" (Kondo 2013).

Danach ist das Mindset dran: Werde Schritt für Schritt Dinge los, die da nicht (mehr) hingehören, etwa negative Gedanken, Selbstzweifel, falsche Glaubenssätze oder bestimmte Menschen, die dir Energie rauben.

Reflexionsfragen für dich

- Welche Dinge müllen dir Kopf und Wohnung/Haus zu?
- Womit verschwendest du deine kostbare Freizeit?
- Welche Menschen in deinem Umfeld kosten dich Energie, die du nicht mehr verschwenden möchtest?
- Was wird möglich, wenn du dein Berufs- und Privatleben entrümpelt hast?

5.3.2 Negative Glaubenssätze – die Gitterstäbe in deinem Kopf

Glaubenssätze sind das Gefängnis im Kopf (s. Abb. 5.9), wir sehen sie als unsere „Wahrheiten und Überzeugungen" an. Glaubenssätze werden durch unser Umfeld geprägt und haben Einfluss auf unser Denken, Fühlen und Handeln. Meist entstehen sie in früher Kindheit, etwa durch die Erziehung der Eltern, z. B. „Streng dich mal an!" oder „Sei immer brav und nett!". Latente Selbstzweifel können ebenfalls zu negativen Glaubenssätzen werden. Sie können wie ein Gerüst Orientierung und Halt bieten und zugleich extrem einengen. Deswegen sollten negative Glaubenssätze in regelmäßigen Abständen auf den Prüfstand gestellt werden.

Das Problem: Viele negative Glaubenssätze begleiten uns ein Leben lang, ohne dass wir sie uns bewusst machen. Sie sind so tief in unserem Unterbewusstsein verankert, dass sie gar nicht ausgesprochen werden müssen, um zu wirken. *Beispiele* für negative Glaubenssätze sind:

- Ich bin nur etwas wert, wenn ich alles perfekt mache.
- Ich bin nicht kompetent genug.
- Andere hauen mich ohnehin nur übers Ohr.
- Gefühle sind ein Zeichen für Schwäche.
- Ich muss immer nett sein, sonst mag mich niemand.

Abb. 5.9 Die Glaubenssätze als Gitterstäbe im Kopf durchbrechen

Da liegt der „Hund begraben"! Hier ist ein Perspektivwechsel notwendig, damit wir erkennen können, dass darin nicht die absolute – und manchmal nicht einmal ein Fünkchen – Wahrheit steckt. Hingegen wirken sich positive Glaubenssätze positiv auf unser Denken, Handeln und Fühlen aus.

Vorbild Vierbeiner

Hunde haben keine negativen Glaubenssätze, die sie in ihrer Entwicklung und im Alltag behindern. Sie gehen meist „unbelastet" an Aufgaben heran, lernen aus Fehlern und machen sich keinen Kopf, wenn mal etwas schiefgeht.

Oder hast du schon einmal einen Hund gesehen, der an sich (ver)zweifelt, weil er die Ente im Park nicht erwischt hat?

Doch wie erkennt man Glaubenssätze? Sie zeichnen sich durch die folgenden Eigenschaften aus (König et al. 2012):

- Oft enthalten sie Verallgemeinerungen wie „immer", „alle", „jeder" … *Beispiel:* Wenn ich nicht immer Bestleistungen abliefere, verachten mich alle.
- Sie sorgen dafür, dass wir voreilige Schlüsse ziehen oder Vorhersagen über die Zukunft treffen. *Beispiel:* Wenn ich dieses Projekt nicht erfolgreich abschließe, verliere ich meinen Job.
- Sie vereinfachen Tatsachen zu stark (Alles-oder-nichts-Kategorien, Schwarzweiß-Malerei). *Beispiel:* Wenn meine Arbeit nicht perfekt ist, bin ich ein Versager.
- Einzelne Situationen, die den Glaubenssatz bestätigen, werden übertrieben, aufgebläht oder verallgemeinert. *Beispiel:* Als ich vor drei Jahren ein Projekt in den Sand gesetzt habe, habe ich richtig Ärger mit meinem damaligen Firmenchef bekommen.

- Situationen, die den Glaubenssatz entkräften, werden missachtet. *Beispiel:* Dass ich die letzten zwei Jahre immer erfolgreiche Ergebnisse geliefert habe, ist doch nur selbstverständlich. Das ist schließlich mein Job.
- Du interpretierst Gedanken anderer (Gedankenlesen). *Beispiel:* Wenn ich um Hilfe bitte, halten mich die anderen für schwach.

Übung

Negative Glaubenssätze enttarnst und entkräftest du, indem du dir die folgenden Fragen stellst:

- Welche Beweise habe ich für und gegen diesen Glaubenssatz? Lass hier am besten nur solche Argumente zu, die selbst „vor Gericht" bestehen würden.
- Beruht dieser Glaubenssatz auf Tatsachen oder auf Denkgewohnheiten oder Gefühlen?
- Verwende ich Ausdrücke, die sehr übertrieben sind, oder Alles-oder-Nichts-Kategorien enthalten (immer, nie, jedes Mal …)?
- Beziehe ich alle verfügbaren Informationen ein, oder klammere ich wichtige Argumente/Informationen aus?
- Wie wahrscheinlich ist es, dass das eintritt, was ich glaube? Woran mache ich das fest?

Notiere nun deine Glaubenssätze. Frage dich:

- Was lässt mich daran festhalten?
- Ist das wirklich wahr, was ich glaube?
- Was kann Positives passieren, wenn ich den Glaubenssatz transformiert habe?
- Was möchte ich lieber denken?
- Was war der Grund dafür, dass ich ihn bisher nicht transformiert habe?

Schreibe neben deine Glaubenssätze eine positive Alternative auf, um sie weiter zu entkräften.

Es gibt einige „Tschakka-tschakka-Speaker", die auf der Bühne stehen und dir verordnen: „Stell dich jeden Tag vor den Spiegel und sage dir, „'ich bin wertvoll!'". So einfach ist das nicht und es kann sogar kontra-produktiv wirken.

Veränderung fällt den Menschen schwer, weil das Gehirn in der „gewohnten Spur" bleiben möchte, um Ressourcen zu sparen. Es genügt nicht, eine Anstrengung zu unternehmen oder sich vor den Spiegel zu stellen und affirmative Sprüche aufzusagen, und schon ist alles anders. Du kannst dich vor den Spiegel stellen und dich fragen: „Was passiert hier gerade mit mir?", dieser Frage dann weiter nachzugehen und zu lernen, mit Veränderungen umzugehen. Dafür sind ein Growth-Mindset und Erkenntnisse erforderlich (siehe Tab. 5.2). Manche Dinge kannst du nicht ändern, doch du hast es in der Hand, wie du damit umgehst. Es geht darum zu lernen, die Haltung zu ändern.

Glaubenssätze bestehen aus einer Aussage und einer darunterliegenden Emotion (siehe dazu auch Abschn. 4.2.3). Als Formel kann das folgendermaßen auf den Punkt gebracht werden:

> Aussage + Emotion = Glaubenssatz

Beispiel: „Ich bin nichts wert." Hier ist die Emotion Verachtung (gegen sich selbst) dysfunktional.

Negative Glaubenssätze beziehen sich nicht zwangsläufig auf dich selbst, sie können sich auch auf andere beziehen. Folgende Glaubenssätze höre ich häufiger in Bezug auf Mitarbeiter:

- Mitarbeiter müssen durch Leistungsanreize motiviert werden.
- Mitarbeiter sind faul.
- Mitarbeiter müssen überzeugt werden.
- Das Verhalten kann durch Lob oder Bestrafung verändert werden.
- Mitarbeiterauswahl ist nicht wichtig, den „biegen" wir schon hin.
- Mit dem Produkt ziehen wir Kunden nur das Geld aus der Tasche.

Achte auf die Glaubenssätze deiner Mitarbeiter. Ein Glaubenssatz kann leicht mal in einem Gespräch herausrutschen. Dann gilt es hinzuhören und die Glaubenssätze zu hinterfragen. Ein *Beispiel:*

Mitarbeiter A soll bei einer großen Veranstaltung eine Rede halten. Du merkst, dass er sich offenbar damit unwohl fühlt. Im Gespräch sagt er: „Ich kann nicht vor Leuten reden." Du fragst daraufhin: „Hast du in einem

Meeting noch nie etwas gesagt?" Er wiegelt ab: „Das ist was anderes." Denn natürlich trägt er regelmäßig etwas zu Meetings bei – und das souverän und gut. Sonst hättest du ihn ja nicht gefragt, ob er die Rede halten möchte.

Gemeinsam ermittelt ihr, was er dafür braucht, damit die Rede genauso gut gelingt wie im Meeting. Ihr findet gemeinsam Beispiele für gelungene Auftritte vor anderen, die er sich kurz vor seiner Rede ins Gedächtnis rufen kann. Dies kann gut funktionieren, wenn die Angst vor dem Auftritt und das Lampenfieber nicht zu groß sind.

Tipps zur Umsetzung

Sammle mit deinem Team negative sowie positive Glaubenssätze. Alles soll auf den Tisch! Schaut euch diese genau an, analysiert und behandelt sie so, wie in der Übung oben beschrieben. Idealerweise macht ihr dies mit einem externen Coach oder einer anderen neutralen Person aus dem Unternehmen oder einem Team, mit dem es keine Überschneidungen gibt. Typische negative Glaubenssätze sind zum *Beispiel:*

- Wir sind zu teuer.
- Unsere Qualität ist Mittelmaß.
- Die Konkurrenz macht das besser als wir.

Reflexionsfragen für dich

- Welche Glaubenssätze gibt es in deinem Unternehmen bzw. in den Köpfen der Mitarbeiter?
- Welche Glaubenssätze hast du?
- Welche Glaubenssätze hast du über deine Mitarbeiter?

5.3.3 Dranbleiben leichtgemacht – Erfolgsfaktor Disziplin

Damit die Veränderung und das Umdenken gelingen, gilt es dranzubleiben. Schließlich erfordert ein Veränderungs- und Umdenkprozess Zeit. Schritt für Schritt stellen sich neue Routinen und Gewissheiten ein und festigen sich. Stell dir vor, du hast einen Glaubenssatz erfolgreich aus deinem Hirn entfernt und dann kommt eine unerwartete Stress-Situation. Damit du nicht wieder in alte Muster verfällst, brauchst du Geduld, Übung – und Disziplin.

Selbst, wenn das Ziel noch so erstrebenswert und der Weg dorthin leicht ist, fällt uns die Umsetzung oft schwer. In Abschn. 5.2.4 habe ich dir zehn Übungen vorgestellt, um die Achtsamkeit im Alltag zu stärken. Möglicherweise hast du sofort beim Lesen den Drang verspürt, die eine oder andere auszuprobieren. Vielleicht hast du gleich gemerkt, dass sie dir guttun. Eventuell wirst du das einige Tage lang begeistert weitermachen … und dann kommt eine besonders stressige Projektabschlussphase oder der langersehnte Urlaub mit der Familie steht auf dem Plan, oder du hast einfach andere Themen, die dich gerade akut beschäftigen. Um dann nicht aufzugeben, benötigst du Disziplin.

Vorbild Vierbeiner

Labradore werden oft „Staubsauger" genannt, weil sie alles fressen, was rumliegt, ob essbar oder nicht. Disziplin zeigt Mira, wenn wir zum Mantrailing gehen. Das bedeutet, wir suchen eine versteckte Person anhand ihres Geruchs. Hier hat Mira so viel Spaß und das Ziel, die Person zu finden, dass sie alles liegen lässt, was Leckeres auf dem Weg liegt. Wenn du ein Ziel hast, also ein ausreichendes „Warum", das dich wirklich bewegt, wirst du Disziplin aufbringen, um es zu erreichen.

Disziplin entscheidet nicht nur beim Umdenken über Erfolg oder Misserfolg. Sie ist ganz allgemein eine wichtige Fähigkeit, wenn es darum geht, das Leben und den Joballtag zu meistern. Disziplin schlägt Talent und ist wichtiger als Intelligenz. Für alles, was in diesem Buch beschrieben ist, brauchst du Disziplin. Den Anfang machen viele, doch sie scheitern, weil die Disziplin fehlt.

Dass man mit Disziplin von einer pummeligen Couch-Potato zum gefeierten Spitzensportler werden kann, zeigt das Beispiel Norbert Höchner, dem sechsfachen Kickbox-Weltmeister. Seine Geschichte erzählt er hier selbst:

Norbert Höchner: Mit Disziplin von der „Couch-Potato zum Weltmeister"

Was empfindest du, wenn du das Wort „Disziplin" hörst? Ist es ein unangenehmes, beängstigendes oder ein befreiendes Wort für dich? Für mich ist es Letzteres, denn Disziplin hat mich dazu gebracht, mein Leben radikal umzukrempeln und auf Erfolg zu polen.

Die Ausgangssituation

Mit 37 Jahren rauchte ich ein bis zwei Schachteln Zigaretten täglich; ich saß ständig auf der Couch und stopfte massenweise Schokolade und Chips in mich hinein. In dem Moment, wenn ich meine Chips verschlang, war ich glücklich, aber spätestens, wenn ich ins Bett ging und mich im Spiegel betrachtete, kamen Wut, Scham und Ekel hoch. Da war er wieder, der hässliche Mensch im Spiegel, den ich nicht leiden konnte, der nichts auf die Reihe bekam. Ich wünschte mir ein anderes Leben. Ein Leben ohne Zigarette, dafür mit einem gesunden, schlanken Körper. Ein Leben ohne Schnappatmung beim Treppensteigen. Ein Leben, bei dem ich zufrieden in den Spiegel schauen konnte.

So ging es mir lange Zeit, bis ich so viel Selbsthass entwickelt hatte, dass ich mir sagte: „Entweder ich akzeptiere mich, wie ich bin, ignoriere, dass ich im Alter garantiert krank sein werde, denn diese Ernährung hält kein Körper auf Dauer ohne Schaden aus, *oder* ich ändere mein Leben."

Der Weg zur Veränderung

Menschen ändern sich nur aus zwei Gründen: Entweder werden sie von der Leidenschaft oder von der Liebe zu dem, was sie erreichen wollen, getrieben. Oder der Schmerz, mit dem Bestehenden zu leben, wird zu groß. Bei mir war es Letzteres: der psychische Schmerz, weil ich mich selbst nicht leiden konnte, sowie der physische Schmerz, den ich morgens nach dem Aufstehen in der Brust hatte.

Darum habe ich am 8. März 2003 um genau 14:30 Uhr entschieden, nach 25 Jahren das Rauchen aufzugeben. Einfach so? Ja und nein: Eine Sucht zu bekämpfen ist nicht leicht, schon gar nicht nach so langer Zeit. Doch es ist machbar – und zwar mit Disziplin.

Die goldene Regel

Was ich gelernt habe: Wenn du dich verändern möchtest, verbiete dir niemals etwas. Denn sonst bekommst du Sehnsucht nach dem, was du dir verbietest. Formuliere es andersherum, sage dir: „Ich möchte das nicht mehr" oder „ich kann darauf verzichten". Das macht einen himmelweiten Unterschied! Halte dir immer dein Ziel vor Augen, das du erreichen möchtest. Mache dir ein Bild davon, wie es aussieht, wenn du das Ziel erreicht hast. Das lässt deinen „Disziplinmuskel" (deine Willenskraft) wachsen.

Mein Ziel bestand darin, dass ich den Tag nicht mehr nach dem Rauchen organisieren wollte – zum Beispiel die täglichen Gedanken: Wo kann ich rauchen? Wann kann ich rauchen? Habe ich genügend Kleingeld für den Zigarettenautomaten dabei? Das kostete so viel Energie, die ich viel sinnvoller nutzen konnte. Sicher geht es dir ähnlich.

Mit diesem Mindset habe ich es geschafft, mein Gewicht innerhalb von sechs Monaten um 50 Pfund zu reduzieren – und das Ganze ohne Jo-Jo-Effekt: Das Gewicht habe ich nach 17 Jahren immer noch.

Es ist nie zu spät

Wenn du etwas ändern möchtest, dann mach dir keine Gedanken, ob es der richtige Zeitpunkt ist oder ob du zu alt dafür bist. Es ist alles und immer im Leben möglich. War ich mit 37 noch untrainiert und über-gewichtig, bestritt ich mit 41 Jahren meinen ersten Kickbox-Wettkampf, mit 53 Jahren beendete ich meine Kickboxer-Laufbahn als sechsfacher Weltmeister und 19-facher Deutscher Meister. Insgesamt habe ich in dieser Zeit über 100 Titel erkämpft.

In der Bibel steht schon geschrieben: „Der Glaube kann Berge ver-setzen." Ich kann dir guten Gewissens versichern, dass dies der Wahrheit entspricht.

Was du daraus mitnehmen kannst

- Der Weg zur Disziplin beginnt immer damit, dass man sein Ziel kennt: Wo möchte ich hin und was muss, nein, was *möchte* ich dafür tun?
- Wenn du die beiden Dinge für dich klargestellt hast, betrachte dein Leben einmal von außen.
- Fühle dann in dich hinein: Wie viel ist es dir wert, dein Ziel zu erreichen?
- Dann kannst du handeln.

Um bei der Stange zu bleiben, ist es notwendig, dass dir gefällt, was du tust. Das wird nicht gleich am ersten oder zweiten Tag so sein. Es wird kommen, wenn du dein Ziel vor Augen behältst. Mache deine Ver-änderung, deine neue Handlung zur Gewohnheit, indem du mit deinen Gedanken und dem Tun den Faden nie abreißen lässt. Dann gehört es ein-fach zu deinem Leben.

Ein Beispiel: Du möchtest vielleicht gelassener werden und planst, ab sofort täglich zu meditieren. Dann ist das am Anfang vielleicht noch eine Überwindung, dir ist langweilig, ständig schießen dir wilde Gedanken durch den Kopf, du möchtest aufspringen und etwas tun, fragst dich,

was das soll. Doch mit der Zeit wirst du die Meditation schätzen lernen und nicht mehr auf sie verzichten wollen. Sie wird zur liebgewonnenen Gewohnheit – und du wirst zum gelasseneren Menschen. So wie ich von der Couch-Potato zum Weltmeister wurde.
https://www.norberthoechner.com/

Reflexionsfragen für dich

- Wie ist es um deine Disziplin bestellt?
- Worin bist du Weltmeister?
- Wo braucht es mehr Disziplin in deinem Leben?
- Wo fehlt es deinen Mitarbeitern an Disziplin?
- Welche Routinen willst du einführen und künftig diszipliniert einhalten?

5.3.4 Kraftquelle Kopf – die Macht der Gedanken

Ich möchte dich einladen, diese kurze Geschichte (frei nach Jorge Bucay 2007, S. 7–10) zu lesen und dich zu fragen, was diese bedeuten kann:

Ein kleiner Elefant in der Wildnis soll gezähmt werden. Tierbändiger suchen ihn aus, legen Eisenschellen um seinen Fuß und ketten ihn fest. Dem kleinen Elefanten gefällt das ganz und gar nicht, er versucht pausenlos, sich zu befreien. Er will wieder zurück zur Herde in die Wildnis. Tagein, tagaus zieht er an der Kette, die sich schon tief in seine Haut bohrt. Er läuft monatelang im Kreis und hofft auf die Freiheit. Irgendwann ist er so traurig, dass er aufgibt. Er hört auf, an der Kette zu zerren.

Nach dieser einschneidenden Erfahrung gehorcht der Elefant seinem Peiniger, obwohl er mittlerweile größer und stärker geworden ist. Er könnte seinen Peiniger inzwischen verletzen oder töten und sich aus der Gefangenschaft befreien. Er wird jetzt nicht mehr an der schweren Kette gehalten, sondern nur noch an einer dünnen Schnur an einem Pflock. Dieser kleine Widerstand reicht aus, damit er glaubt, dass es keinen Sinn hat, weiter daran zu ziehen und sich zu befreien. Er hat einfach vergessen, wie stark er ist!

Reflexionsfragen für dich

- Was sagt dir diese Geschichte?
- Wo erkennst du dich selbst in dem Elefanten wieder?
- Wo trittst du möglicherweise als Tierbändiger (Dompteur) auf?

Die Geschichte zeigt, wie wenig wir uns manchmal bewusst sind, welche enorme Kraft in uns steckt, mit der wir unsere Ketten im Kopf sprengen könnten. Es ist wichtig, diese Ketten zu erkennen! Wie das geht? Stell dir ein Glas vor, das mit einem Gemisch aus Wasser und Sand gefüllt ist und du rührst mit einem Löffel darin herum. Du bekommst eine braune Brühe, doch kein klares Wasser. Es braucht Ruhe, damit sich der Sand absetzen kann und du bis auf den Grund schauen kannst. So ist es mit deinem Geist. Wenn er ständig aktiv ist und keine Ruhe einkehrt, kann keine Klarheit entstehen. Manchmal kann diese Ruhe erschreckend sein, weil Gedanken hochkommen, die unangenehm sind.

Übung

1. Stell dich locker und aufrecht hin, Füße schulterbreit auseinander und checke, ob du einen festen Stand hast. Die Arme lässt du herabhängen. Deine Augen sind geradeaus gerichtet.
2. Hebe deinen rechten Arm, strecke ihn nach vorne und halte den Zeigefinger ausgestreckt. Jetzt drehst du deinen Oberkörper mit ausgestrecktem Arm und Zeigefinger langsam nach rechts. Bewege dabei nur den Oberkörper. Die Füße bleiben am Boden. Drehe den Oberkörper so weit, bis es nicht mehr geht.
3. Merke dir jetzt den Punkt, auf den dein Finger zeigt.
4. Jetzt bewegst du deinen Arm wieder zurück in die Ausgangsposition und lässt ihn wieder locker am Körper hängen.
5. Schließe die Augen und stell dir vor, wie du die Übung noch mal machst und beim zweiten Versuch mindestens 32 Zentimeter weiter kommst.
6. Jetzt startest du den zweiten Versuch, wenn du magst mit geschlossenen Augen. Wiederhole Schritt 1 bis 3. Dann öffnest du die Augen und überprüfst, wo dein Zeigefinger hinzeigt.

Und? Bist du weiter gekommen als beim ersten Versuch?

> Es ist deine mentale Kraft, mit der du die Grenzen verschieben kannst. Die Grenzen befinden sich in unserem Kopf und halten uns oft davon ab, unsere Vision und Ziele zu erreichen.

Gerade in stressigen Situationen reagieren wir oft instinktiv und ohne unser Tun zu hinterfragen. Wie bekommen den berühmt-berüchtigten Tunnelblick, der unser Sichtfeld extrem einengt. Wir schalten sozusagen auf Autopilot um, der nicht immer besonders klug ist. Um die Kraftquelle Kopf auch in Krisenzeiten oder stressigen Momenten anzuzapfen, hilft es, bewusst innezuhalten. Sehen wir uns an, wie das geht.

Zuerst ist Training gefragt, in der Situation zu erkennen, dass uns etwas nicht guttut und nicht hilft. Oft neigen wir dazu, aus Verbissenheit weiterzumachen. Wir denken: „Das muss jetzt fertig werden." Also beißen wir uns fest. Doch viel hilft manchmal nicht viel. Hier ist es wichtiger, den Kopf klar zu bekommen und besonnen zu handeln. Das schaffst du, indem du ein „*Stopp*" einbaust.

Suche dir ein Signalwort (z. B. „Stopp"), das du in akuten Stress-Situationen einsetzt (siehe Abb. 5.3). Sage es dir selbst laut vor und verknüpfe es idealerweise mit einem Ortswechsel (z. B. kurz in die Teeküche gehen) oder einer bestimmten Bewegung (z. B. beim Hin- und-Herlaufen körperlich stehen bleiben), um wirklich einen break zu machen. Wenn du Zeit hast, nutze sie und gehe ganz aus der Situation, indem du z. B. eine Runde spazieren gehst. Wenn dir dafür keine Zeit bleibt, hilft es, dich selbst zu beobachten, indem du dir vorstellst, du stehst neben dir. Das hilft dir für einen Perspektivwechsel.

Veränderungskompetenz und Mindset in der Krise – so behältst du einen kühlen Kopf

Die Krise ist derzeit in aller Munde. Seit Anfang 2020 scheint nichts mehr, wie es einmal war. Sie beeinflusst – und beeinträchtigt – unser Leben mehr, als wir uns das je hätten vorstellen können. Was tun? Wir können uns zu Hause vergraben, heulen, uns selbst bemitleiden, uns fragen, warum *ausgerechnet uns* das passiert, resignieren, wütend werden, protestieren, randalieren ... oder wir tun etwas Sinnvolles, passen unser Mindset an und gehen gestärkt aus der Krise heraus. Denn immerhin erwachsen daraus einige positive Dinge: Viele Menschen rücken im übertragenen Sinn wieder näher zusammen, es gibt beeindruckende Geschichten von gegenseitiger Hilfe, die wir uns zu Herzen und zum Vorbild nehmen dürfen. Die Digitalisierung hat durch die Krise einen riesigen Schub bekommen. Und für manche Menschen ist die Arbeit im Homeoffice eine echte Entlastung.

Um einen abgedroschenen, zutreffenden Satz zu bemühen: Jede Krise bietet Chancen. Dein Mindset entscheidet darüber, ob du diese Chancen nutzt. Das gilt für alle Krisensituationen. Was man als Krise empfindet, hängt von der individuellen Definition ab: Für den einen stellt es eine Krise dar, wenn er die gewünschte Beförderung nicht erhält, für den anderen ist es die drohende Entlassung oder die Herausforderungen, die die neue Arbeitswelt an ihn stellt (siehe Kap. 6).

Reflexionsfragen für dich

- Was erlebst du als Krise?
- Wie schätzt du deine Veränderungskompetenz auf einer Skala von 1 bis 10 (1 steht für sehr niedrig, 10 für sehr hoch) ein?
- Wie beweglich ist dein Team? Wie schätzt du die Veränderungskompetenz deiner Mannschaft auf einer Skala von 1 bis 10 (1 steht für sehr niedrig, 10 für sehr hoch) ein?
- Warum ist das für dich eine Krise? Warum passiert dir das?
- Welche Krisen hast du bereits gemeistert?
- Was hat dir dabei geholfen, sie zu meistern?
- Was kannst du daraus für die Zukunft mitnehmen?

In Unternehmen gibt es immer wieder Krisen: weil die Konjunktur schwächelt, die eigenen Produkte oder Dienstleistungen nicht mehr am Puls der Zeit sind oder Prozesse modernisiert werden müssen, Disruption herrscht, neue billigere Konkurrenten auf den Markt drängen usw. Dann drohen Umstrukturierungen, Entlassungen, Kurzarbeit. Für die Betroffenen ist das eine echte Belastung. Als Führungspersönlichkeit bist du hier in der Verantwortung. Es geht um dein Mindset ebenso wie um das der Mitarbeiter. Hier einige Tipps, was du tun kannst:

- Sei authentisch. Verstelle dich nicht, damit die Mitarbeiter wissen: Du spielst kein falsches Spiel. Das schafft Vertrauen.
- Es hilft nicht, gemeinsam zu jammern, wie blöd alles ist. Versuche, das Positive an der Situation zu sehen.
- Sei nahbar und zeige Verletzbarkeit. Das gibt deinen Mitarbeitern das Gefühl, nicht allein zu sein.
- Teile Gedanken, Gefühle und Erfahrungen mit deinem Team. Vielleicht könnt ihr gemeinsam Ressourcen herausarbeiten, die euch bei der Bewältigung der aktuellen Krise helfen.
- Kommuniziere wertschätzend, lösungsorientiert und positiv.
- Sei für deine Mitarbeiter da und ermögliche ihnen einen Perspektivwechsel auf das „halbvolle Glas". Das bedeutet: Schaut gemeinsam auf das Positive und was ihr daraus machen könnt.
- Habe den Mut zu Entscheidungen, selbst wenn es schwerfällt, in Krisen Entscheidungen zu treffen.
- Vertraue auf deine eigenen Stärken und nutze sie, um gegen den Wind anzukommen.
- Gestehe eigene Fehler ein und stehe dazu, anstatt so zu tun, als wärst du fehlerfrei. Somit hältst du dein Team handlungsfähig und ermutigst die Mitarbeiter, Entscheidungen zu treffen.
- Sei ein Vorbild im Handeln und Tun. Der effektivste Weg, Mitarbeiter zu „beeinflussen", besteht darin, ihnen etwas Positives vorzuleben.
- Denke daran, dass Wertschätzung in der Krise wichtiger denn je ist!
- Kurzarbeit kann dazu führen, dass sich Mitarbeiter wertlos oder geringgeschätzt fühlen. Informiere sie, dass Kurzarbeit eine Maßnahme ist, um Arbeitsplätze zu erhalten.

- Beschönige die Situation nicht. Sei ehrlich und lasse die Mitarbeiter nicht in ihrer Unsicherheit.
- Lächle mehr als sonst, aber nur wenn es wirklich so gemeint ist (siehe Abschn. 4.2.3). Im Englischen sagt man: „A smile goes a long way" – ein Lächeln kann viel ausmachen und die Teamatmosphäre nachhaltig positiv beeinflussen.

Vorbild Vierbeiner

Ein Hund lebt im Hier und Jetzt – der weiß gar nichts von der Krise. Man könnte sagen, ein Hund hat dadurch ein Growth-Mindset, weil er sich flexibel neuen Gegebenheiten anpasst, ohne sich lang den Kopf darüber zu zerbrechen. Handle doch mal wie ein Hund:

- Stell dir vor, du wüsstest gar nichts von der Krise ... was würdest du dann tun? Was davon kannst du trotzdem tun?
- Nutze die freie Zeit sinnvoll, indem du beispielsweise Dinge für dich tust. Geht es dir gut, geht es deinem Umfeld gut. Bleib bei dir, das ist gute Selbstführung.
- Mach dir keinen Kopf.
- Es gibt Dinge, die du nicht beeinflussen kannst. Es kommt nur darauf an, wie du darauf reagierst!

5.3.5 Resilienz – schachmatt oder Stehaufmännchen?

Resilienz ist die psychische Widerstandkraft, mit der du Krisen ohne nachhaltige Schäden überstehst. Resilienz ist wie ein Boxhandschuh für deine Widerstandkraft: Wenn es dir den Boden unter den Füßen wegzieht, bist du damit gut gewappnet. Gerade in Führungspositionen ist es essenziell, mit Stress gut umgehen und Krisen und Herausforderungen meistern zu können. Ebenso wichtig ist, dass du die Teamresilienz gezielt förderst, damit ihr als Team in Belastungssituationen leistungsfähig bleibt.

Mit wie vielen Kugeln spielst du?

Wenn du so ein Kugelspiel zu Hause hast, probiere es aus, schwinge mit unterschiedlichen Mengen an Kugeln und schau, was passiert. So viel sei verraten, mit fünf Kugeln ist es das ruhigste und harmonischste Spiel. Trage in die folgende Tabelle ein, wie du deine aktuelle Situation in den diversen Bereichen deines Lebens einschätzt und was du dir wünschst. Bedeutung:

- **Fünf Kugeln:** Ich spiele aus ganzem Herzen, ich bringe mich voll ein, hier herrscht das höchste Maß an Glück.
- **Vier Kugeln:** Ich bin zufrieden, auf gutem Weg zum Fünf-Kugel-Spieler oder von höchstem Glück auf vier herabgestiegen.
- **Drei Kugeln:** Das ist nicht gut genug, um es zu genießen; nicht schlecht genug, um etwas zu verändern; es plätschert so vor sich hin.
- **Zwei Kugeln:** Ich habe innerlich gekündigt, habe resigniert, sehe keinen Sinn; Übergangssituation.
- **Eine Kugel:** Hier herrscht das geringste Maß an Glück; ich bin nur noch körperlich anwesend, habe keine Lebensfreude.

Lebensbereich	Kugelanzahl derzeit	Kugelanzahl Wunsch
Partnerschaft		
Beziehungen		
Körper und Gesundheit		
Beruf und Berufung		
Sinn, Spaß und Lebensfreude		
Sicherheit und finanzielle Freiheit		

Welches, glaubst du, ist das schlechteste und welches das beste Spiel? Die Lösung findest du am Ende des Kapitels. Entscheidend ist, den Anspruch zu haben, zum Fünf-Kugel-Spieler deines Lebens zu werden! Wenn du jetzt festgestellt hast, dass du in verschiedenen Lebensbereichen noch nicht mit der Kugelanzahl spielst, die du dir wünschst, dann wäre es gut, wenn du deine Resilienz trainierst.

Wenn mehrere Lebensbereiche nicht gut laufen oder wenn du Schicksalsschläge erleidest, dann wird es kritisch. So wie bei mir (siehe Kap. 2): Zwei Lebensbereiche waren im Ungleichgewicht und dann begann ich zu schwanken. Darum ist es wichtig, Hobbys, Entspannungsmöglichkeiten oder einfach Dinge zu haben, die dich in schwierigen Zeiten aus diesem Loch holen können. Ich musste feststellen, dass ich neben den zwei Lebensbereichen, die aus den Fugen geraten waren, keinerlei Hobbys hatte. Sorge dafür, dass du nicht vor einem ähnlichen Scheiterhaufen stehst.

Stell dir vor, du verlierst deinen Job, deine Frau verlässt dich, ein Sorgerechtsstreit entsteht und ein guter Bekannter stirbt. Woraus schöpfst du deine Kraft, wenn du dich in so einer Abwärtsspirale befindest? Woher bekommst du wieder Auftrieb?

Kennst du die Menschen, die wie Steh-auf-Männchen ihr Leben meistern? Bei denen du denkst: „Wie können die sich so schnell von einem Schicksalsschlag erholen?" Das sind Menschen mit hoher Widerstandskraft, sie verfügen über Resilienz.

So schaffst du dir Möglichkeiten für mehr Resilienz:

- **Dankbarkeit** (siehe Abschn. 5.1.4):

  - Dankbar sein – ein Geschenk an dich selbst. Idealerweise überlegst du dir am Abend, egal wie blöd der Tag gelaufen ist, drei Dinge, für die du heute dankbar bist. Glaube mir, du findest drei Aspekte! Idealerweise schreibst du diese auf oder legst dir ein Dankbarkeitstagebuch an.
  - Dankbarkeit zeigen – die Währung, die nicht mit Geld zu messen ist! Sag einfach öfter mal „Danke!" Übe es täglich, ob bei der Kassiererin, bei deinen Mitarbeitern und bei allen Menschen in deiner Umgebung.

- **Entspannung** (siehe Abschn. 5.2.3 und 5.2.4): Sorge in deinem Leben für einen Wechsel aus Anspannung und Entspannung.

- **Spiritualität:** Ich spreche hier nicht von Esoterik. Spiritualität bedeutet, nüchtern ausgedrückt: tun, was gerade ist. (Grün 2014) Spüre die Verbundenheit mit allem, z. B. mit der Natur.

Die Tipps, die du in diesem Buch findest, tragen schrittweise dazu bei, resilienter zu werden.

Reflexionsfragen für dich

- Was tust du, um zum Fünf-Kugel-Spieler zu werden?
- Wie schätzt du deine Resilienz derzeit ein?
- Was wirst du tun, um künftig resilienter zu werden?
- Wie hoch ist die Resilienz in deinem Team?

Übrigens … hier nun die versprochenen Lösungen:

• Neun-Punkte-Übung:

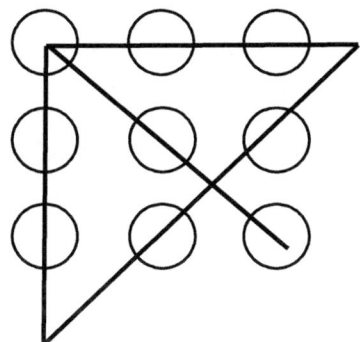

• Kugelspiel (Abschn. 5.3.5): Das schlechteste ist das Drei-Kugel-Spiel. Es ist nicht gut genug, um das Spiel zu genießen und noch nicht schlecht genug, um es zu verlassen. Du hängst fest! Das Beste ist das Fünf-Kugel-Spiel.

Literatur

Bucay J (2007) Komm, ich erzähl dir eine Geschichte. Fischer Taschenbuch, Frankfurt a. M.

Dweck C (2007) Mindset: The New Psychology of Success. Ballantine Books, New York

Eilert DW (2020) Körpersprache entschlüsseln & verstehen. Junfermann Verlag, Paderborn

Frankfurter Allgemeine Zeitung (2020) Studie zur Handynutzung: Nutzer verbringen im Schnitt 3,7 Stunden am Smartphone. https://www.faz.net/aktuell/wirtschaft/digitec/nutzer-verbringen-im-schnitt-3-7-stunden-am-smartphone-16582432.html. Zugegriffen: 3. Dez. 2020

Gedankenwelt (2019) Sawubona: Ein schöner Gruß eines afrikanischen Stammes. https://gedankenwelt.de/sawubona-ein-schoener-gruss-eines-afrikanischen-stammes/amp. Zugegriffen: 03. Dezember 2020

Grün A (2014) Versäume nicht dein Leben!, 2. Aufl. Verlag, Münsterschwarzach, Vier-Türme GmbH

Kondo M (2013) Magic Cleaning. Rowolth Taschenbuch Verlag, Hamburg

König J, Resick PA, Karl R, Rosner R (2012) Posttraumatische Belastungsstörung: Ein Manual zur Cognitive Processing Therapy. Hogrefe, Göttingen

Larsson L (2016) Dankbarkeit. Auf dem Weg zu einem neuen Lebensstil. Junfermann Paderborn, Wertschätzung und Glück

Stangl W (2020) Stichwort: 'Werte'. Online Lexikon für Psychologie und Pädagogik. https://lexikon.stangl.eu/8845/werte/. Zugegriffen: 3. Dez. 2020

6

Knackpunkt Unternehmenskultur – kommst du mit nach New Work?

Zusammenfassung

Wie können sich Unternehmen fit für die Arbeitswelt von morgen machen? Ein wichtiger Punkt, um die Abzweigung nach New Work nicht zu verpassen, ist die Unternehmenskultur. Wenn die Mitarbeiter wissen, wofür sie das tun, was sie tun, sind sie glücklicher, engagierter und loyaler – und das Unternehmen insgesamt erfolgreicher. Deshalb braucht eine Unternehmenskultur ein klares „Warum". Wie das geht und weshalb dieses „Warum" zu deinen eigenen Wertevorstellungen passen sollte, erfährst du in diesem Kapitel. Praktische Tipps zu Kulturwandel und zur persönlichen Zielerreichung gibt's noch obendrauf.

New Work needs New Leadership. Warum kommt dieses Kapitel zum Schluss? Für den Weg in die Arbeitswelt der Zukunft brauchst du Kompetenzen einer Führungspersönlichkeit. Diese hast du in den Kapiteln 3, 4 und 5 kennengelernt und vielleicht bereits trainiert. Es geht darum, dich selbst zu führen, um dann den Wandel mit deinem Team zu vollziehen. People make the difference!

Fit for Future

Die Arbeitswelt ist im Umbruch, das ist längst bekannt. Die Megatrends Digitalisierung, Globalisierung, demografischer Wandel, Individualisierung und Konnektivität wirken zusammen, krempeln ganze Branchen und viele Prozesse um und sorgen dafür, dass die Arbeitswelt von morgen radikal anders aussehen wird als die von gestern. Das bringt viele neue Herausforderungen mit sich – Stichwort VUCA/VUKA:

- **V**olatilität/Unbeständigkeit (engl.: **v**olatility)
- **U**nsicherheit (engl.: **u**ncertainity)
- **K**omplexität (engl.: **c**omplexity)
- **A**mbiguität/Ambivalenz bzw. Mehrdeutigkeit (engl.: **a**mbiguity)

Wenn wir durch die VUKA-Brille schauen, wird klar, dass es keine Glaskugel gibt, mit der wir in die Zukunft blicken können. Eine Zauberformel zur Unternehmenskultur kann ich dir hier nicht bieten, denn die Zeiten, in denen nur Hard Facts eine Rolle spielen, sind vorbei. Es braucht Soft Skills und Menschen, die etwas bewegen, um ein Unternehmen zukunftsfähig zu machen und sich den Herausforderungen der heutigen Zeit zu stellen.

Der Begriff „New Work" wurde von Frithjof Bergmann geprägt (Bergmann 2004) und bezeichnet eine zukunftsweisende Arbeit, die all diesen Herausforderungen begegnet. New Work verändert die Arbeitswelt gravierend. Der klassische „Eight-to-Five-Job" hat bald ausgedient. Gerade in der heutigen Zeit, da sich Mitarbeiter aussuchen können, bei wem, wo und wann sie arbeiten, braucht es neue Arbeitskonzepte. Privat- und Berufsleben verschwimmen immer mehr, und alte Strukturen haben dadurch ausgedient. New Work bedeutet eine radikale Neuausrichtung der Arbeitskultur und der Unternehmensorganisation. Es geht weg vom Kontrollmodus hinzu einer Vertrauenskultur. Eine wichtige Rolle spielt dabei die Frage nach dem Sinn: Arbeit ist nicht (mehr) Selbstzweck, sondern soll selbst eine Bedeutung oder einen höheren Sinn haben. Wenn dir und deinen Mitarbeitern der Spaß und der Sinn in der Arbeit verloren gegangen ist, sinkt die Leistungsfähigkeit in den Keller. Eine Purpose-Studie aus den USA von 2258 Berufstätigen aus 26 Branchen zeigt, dass neun von zehn Befragten bereit sind, für sinnstiftende Arbeit auf bis zu 23 % ihres Gehalts zu verzichten. (BetterUp 2018)

Wer in Zukunft erfolgreich sein will, ist gut beraten, sich schon heute um einen Kulturwandel im Unternehmen zu bemühen. Es gibt nicht darum, einen Kuschelmodus zu integrieren, es geht darum, durch die neue Arbeitskultur und sinnstiftendes Arbeiten effizienter zu werden und dadurch langfristig erfolgreich zu sein. Die Veränderung wird kommen – egal, ob wir uns das gerade vorstellen können oder nicht, ob wir wollen oder nicht. Die Idee ist weg vom Recruiting hin zu Inviting. Dazu ist ein Umdenken ebenfalls in den HR-Abteilungen notwendig. Die Unternehmenskultur sicht- und erlebbar machen ist ein wichtiger Aspekt bei der Mitarbeitersuche. Also, los geht's!

Als Führungs*kraft* sehen dich deine Mitarbeiter nicht automatisch als den Richtigen an, um den Kulturwandel zu meistern. Doch wenn du beginnst, dich selbst zu verändern, indem du zur Führungs*persönlichkeit* wirst, dein Ego zurückstellst und echte Verbindungen schaffst, wirst du zum geschätzten „Leittier der Veränderung". Gemeinsam könnt ihr alles dafür tun, erfolgreich zu sein. Das wahre Potenzial steckt in deinen Mitarbeitern!

Vorbild Vierbeiner

Im Hunderudel gibt es klare Umgangsformen sowie eine eindeutige Rollen- und Aufgabenverteilung mit einem genau umrissenen Handlungsspielraum. Kein Zweifel: Ein Hunderudel würde den Weg in die Arbeitswelt der Zukunft hervorragend meistern.

Wenn du bereit bist für diese Reise nach New Work, schau dir die Kap. 3 bis 5 genau an. Falls nicht, dann nimm lieber das Ticket nach New York. Nach New York kommst du schneller, denn der Weg nach New Work ist eine Frage des Mindsets, der Unternehmenskultur und vor allem der Führung (s. Abb. 6.1).

Du möchtest doch lieber nach New Work? Dann ist echtes Commitment gefragt, damit allen klar wird, dass das Thema Kulturwandel Priorität hat. Wenn du dir die vorherigen Kapitel zu Herzen genommen hast und sie für dich stimmig sind, möchte ich dich einladen, noch einmal eine persönliche Bilanz zu ziehen. In der Checkliste für deinen WAU-Effekt (siehe Abschn. 5.1, 5.2 und 5.3) kannst du deine Überlegungen zu den folgenden Fragen eintragen:

- Was habe ich davon bereits umgesetzt?
- Was war die wichtigste Erkenntnis für mich?
- Wo besteht bei mir noch Handlungsbedarf?
- Wo brauche ich externe Unterstützung?

Mein WAU-Effekt	
Wertschätzung	
Achtsamkeit	
Umdenken	

Abb. 6.1 Kommst du mit nach New Work?

Erfolgreiche Unternehmer haben auf folgende Fragen eine spontane Antwort:

- Was ist deine Vision, dein „Warum"?
- Wie beschreibst du die derzeitige Unternehmenskultur?
- Welchen Mehrwert generierst du für die Welt?
- Was sind deine „Umsatztreiber"?
- Hast du ein antifragiles Geschäftsmodell?
- Wie ist die Unternehmenskultur in deinem Unternehmen?
- Was sind die wichtigsten Kompetenzen deiner Führungspersönlichkeiten?
- Was machst du, damit du nicht auf den „Hund" kommst?

Jetzt bist du an der Reihe:

Reflexionsfragen für dich

- Wie würdest du die Fragen beantworten?
- Wo hast du keine Antworten?
- Wo oder wie kannst du Antworten finden?

6.1   Von einer Unternehmenskultur zur Glückskultur

Bevor wir richtig in dieses Thema einsteigen, gilt es zunächst einmal zu definieren, was Unternehmenskultur ist. Laut Gabler Wirtschaftslexikon (o. J.) ist eine Unternehmenskultur die „Grundgesamtheit gemeinsamer Werte, Normen und Einstellungen, welche die Entscheidungen, die Handlungen und das Verhalten der Organisationsmitglieder prägen".

Was macht eine wertschätzende Unternehmenskultur aus?

- Sie hat ein klares „Warum".
- Sie bietet Identifikationspotenzial mit dem Unternehmen und schafft ein Orientierungsfenster für die Beschäftigten.

- Sie zeichnet sich durch eine Führungskultur mit Sinn (statt mit Druck) aus.
- Es herrscht Transparenz – die Fakten werden klar benannt, nicht beschönigt und verschleiert.
- Mitarbeiter werden inspiriert, nicht gegängelt. Mitarbeiter werden zu Beteiligten gemacht. Mitbestimmung ist gewollt.
- Kommunikation findet auf Augenhöhte statt – ganz ohne Maulkorb.
- Es geht nicht um Demotivation, sondern um Emotion.
- Das Betriebsklima ist bei angenehmen Plusgraden.
- Die Führung hat den Mut, Entscheidungen zu treffen – anstatt abzuwarten.
- Werte sind nicht nur eine Worthülse oder ein nettes Schlagwort auf hübschen Imagebroschüren. Sie werden gelebt, leiten die Mitarbeiter und geben Orientierung. Sie haben mehr Bedeutung als Strategien.
- Alle verhalten sich kollegial und kommunizieren wertschätzend.
- Es geht um Kollaboration statt um Konkurrenz.
- Menschlichkeit wird großgeschrieben, auch wenn es künstliche Intelligenz gibt.
- Es herrscht Kooperation statt Konkurrenz.
- Die Mitarbeiter genießen Freiräume bei der Arbeitsgestaltung, z. B., wann und von wo sie arbeiten.
- Es herrschen Flexibilität und Schnelligkeit im Denken und Handeln.
- Alle Beteiligten haben den Mut für gewagte Experimente.
- Die „richtigen" Mitarbeiter mit einem entsprechenden Mindset, emotionaler Reife und Intelligenz werden bei Neueinstellungen in HR-Prozessen ausgewählt.
- Die Hierarchien sind flach.
- Im Unternehmen arbeiten glückliche und gesunde Menschen, die mehr leisten – weil sie es wollen.

Interessant ist, dass für 97 % der Fachkräfte die Unternehmenskultur wichtig ist. Aber: Mehr als jeder Dritte kann sich nicht mit der Unternehmenskultur seines Arbeitgebers identifizieren. (StepStone 2019) Die Transparenz wird für Arbeitnehmer bei der Suche nach guten Arbeitgebern stetig leichter. So hat die europaweit größte Arbeitgeber-Bewertungsplattform kununu einen Kulturkompass gelauncht.

Mitarbeiter eines Unternehmens wählen dazu anonymisiert bis zu 40 von 160 Merkmalen aus den Bereichen Work-Life-Balance (für mich – Job), Strategische Richtung (Stabilität – Veränderung), Führung (Richtung vorgeben – Mitarbeiter beteiligen) und Umgang miteinander (Resultate erzielen – zusammenarbeiten) aus, die ihren Arbeitgeber beschreiben. Die gesammelten Ergebnisse werden anhand übersichtlicher Skalen dargestellt, die Interessierte abrufen können. So können potenzielle Mitarbeiter den Cultural Fit überprüfen, bevor sie sich bewerben. Das bedeutet, dass Bewerber schon bei der Bewerbung prüfen können, ob sie in das Unternehmen bzw. der Arbeitgeber zu ihnen passt. (kununu 2019)

Allerdings braucht es Unternehmen, die sich das Glück ihrer Mitarbeiter nicht nur werbewirksam auf ihre Fahnen schreiben, sondern Unternehmen, die wirklich Interesse an glücklichen Mitarbeitern haben. Es geht nicht um Zufriedenheit, sondern um Glück. Zufrieden klingt nach „ist schon ok", und glücklich bedeutet, ich tue es aus vollem Herzen. Denn von zufrieden ist zu Friedhof nicht mehr weit. Aus glücklichen Mitarbeitern werden intrinsisch motivierte Mitarbeiter (s. Abb. 6.2), was sich auf die Produktivität positiv auswirkt und folglich auf den wirtschaftlichen Erfolg. Klingt nach Wolkenkuckucksheim? Von wegen! Das ist die Unternehmenskultur der Zukunft! Wieder einmal lohnt der Blick auf unsere vierbeinigen Freunde.

Vorbild Vierbeiner

Beim Hund dreht sich alles um grenzenlose Liebe und Treue. Das ist es, was Rudelkultur ausmacht. Problemverhalten entsteht erst, wenn ein Tier unzufrieden ist – und zwar nicht aus persönlichem Böswillen, sondern um Dinge zu verändern. Sind die Bedürfnisse befriedigt, funktioniert das Zusammenspiel im Rudel reibungslos. Stellt sich die Frage: Kennst du die Bedürfnisse deiner Mitarbeiter? Und wenn ja, was tust du dafür, dass sie erfüllt werden oder sind (siehe Abschn. 4.2.1)?

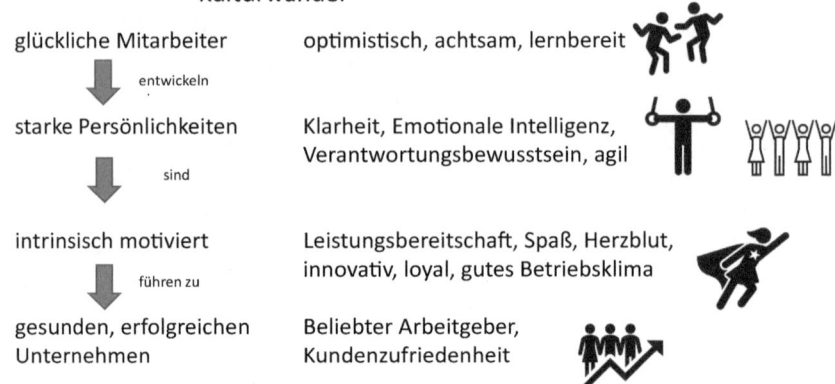

Abb. 6.2 Der Weg zu einem gesunden und erfolgreichen Unternehmen

Meist gibt es drei Triebfedern für die Bereitschaft zur Veränderung in der Unternehmenskultur:

1. Ein Umsatzrückgang, der durch verschiedene Faktoren ausgelöst werden kann, z. B. Krisen, Disruption, Digitalisierung, neue Marktanforderungen, Imageprobleme u. v. m., löst Stress bei den Beschäftigten aus. Er sorgt für Unsicherheit, Zukunftssorgen und Konflikte. Diese wirken sich noch weiter negativ auf den Unternehmensumsatz aus und ein Teufelskreis entsteht.
2. In der Zusammenarbeit zwischen Kollegen oder zwischen Arbeitnehmern und Management hakt es und das Betriebsklima geht Richtung Gefrierpunkt. Selbst wenn die Prozesse objektiv sehr gut sind, lassen die Ergebnisse zu wünschen übrig. Es „menschelt".
3. Der denkbare dritte Grund – ein gut funktionierendes System regelmäßig zu überprüfen und bestimmte Stellschrauben immer mal wieder nachzujustieren, – kommt in der Praxis eher selten vor.

Vom Know-how zum Know-why – warum Unternehmenskultur immer wichtiger wird

Die Zyklen der Veränderung werden immer kürzer. Schnelle Veränderungen gepaart mit hoher Komplexität fordern Unternehmen und Menschen heraus. Disruptive Innovationen sorgen dafür, dass Unternehmen extrem schnell vom Markt verschwinden und ganze Branchen bedeutungslos werden. Was heute noch Trend ist, kann morgen schon „Schnee von gestern" sein. Gerade der Mittelstand tut sich hier schwer. Man ruht sich auf den „verdienten Lorbeeren" aus. Der Fokus liegt eher darauf, das bestehende Portfolio aufzuhübschen, anstatt sich mit attraktiven Neuheiten zu beschäftigen.

Wer nicht mit der Zeit geht, geht mit der Zeit, sagt ein Sprichwort. Disruption hält Einzug! Ein Beispiel dafür ist Apple. Als das iPhone eingeführt wurde, verdrängte Apple den damaligen Marktführer Nokia. Kennst du noch den guten alten Quelle-Katalog? Selbst im Jahr 1970 noch konnte man hier Rassehunde finden und Skilehrer ordern. Heute kannst du schon lange nichts mehr ordern, die Zeit ist abgelaufen. Weitere Fälle sind AEG, Grundig und viele mehr. (IHK Nürnberg 2012) Umso wichtiger sind qualifizierte, motivierte Mitarbeiter, die bereit sind, Veränderungen mitzutragen und sich für ihr Unternehmen einzusetzen. Das bedeutet: In Zeiten der Digitalisierung ist der Mensch für Unternehmen die wichtigste Ressource.

Das klassische Change-Management-Prozess ist out, in dem Führungskräfte allein entscheiden, wo es hingeht, Werte definieren, Hochglanzprospekte drucken und ein wirklicher Change nie erfolgt. Für eine Transformation reicht das nicht aus! Die Unternehmenskultur zu transformieren bedeutet, eine Reise anzutreten, auf die alle Mitarbeiter mitgenommen werden. Es ist eine Reise ins Neue und oft Unbekannte. Es braucht zudem ein Durchleuchten des derzeitigen Organisationssystems (Ist-Zustand) und einen Blick in die Zukunft (Wunsch-Zustand), ob dieses System in Zukunft Bestand hat. Worin liegt der Unterschied? In Tab. 6.1 findest du eine Übersicht.

Gerade in Krisenzeiten bröckelt bei vielen Unternehmen die Fassade. Es zeigt sich, ob sie in der Lage sind, flexibel und schnell zu handeln. Unternehmen, die ihre Werte auf Imagebroschüren gedruckt haben (wo sie schön klingen und wenig mit der Realität zu tun haben), werden keine gute Figur machen. Sie werden sprichwörtlich „demaskiert".

Was braucht es für einen Kulturwandel und wie funktioniert er nicht?
Wer die Kultur verändern will, ist gut beraten, bei sich selbst zu beginnen. Für einen Kulturwandel braucht es Querdenker, die von innen heraus eine Revolution des Unternehmens antreiben und die

Tab. 6.1 Change-Prozess und Kulturwandel im Vergleich

Change-Prozess	Kulturwandel
Ändern der Vergangenheit	Herausforderungen der Zukunft meistern
Verbesserung des Bewährten	Vision und Sinn verfolgen
Top-down-Entwicklung	Bottum-up-Entwicklung und Einbeziehung aller Mitarbeiter
Überzeugen, festlegen	Ermutigen, befähigen

Rahmenbedingungen verändern. Die dranbleiben, wenn im operativen Geschäft gerade „die Hütte brennt". Hier schließt sich der Kreis: Wenn du deine Leadership-Qualitäten, die ich dir in den Kapiteln 3 bis 5 vorgestellt habe, auf Hochglanz poliert hast, kannst du diese Person sein.

Also: Hab den Mut zu einer Transformation in eine neue Art der Zusammenarbeit und den Schritt aus der Komfortzone. Stelle dein Mindset auf Erfolg – und dann ab in die Arbeitswelt der Zukunft!

In vielen Unternehmen läuft ein (versuchter) Kulturwandel allerdings nach diesem Muster ab:

Alle Jahre wieder wird eine Mitarbeiterbefragung durchgeführt. Das Ergebnis ist verheerend: Die Unzufriedenheit der Mitarbeiter ist groß, die Stimmung schlecht. Also muss eine neue Führungskultur her. Kein Problem, ein neues Führungsleitbild wird's schon richten. Es gibt zahlreiche Workshops, an denen die Mitarbeiter und das mittlere Management teilnehmen. An deren Ende steht die ein hübsches neues Führungsleitbild: „Der Mensch steht bei uns im Mittelpunkt. Wir gehen wertschätzend und offen miteinander um. Entscheidungen werden transparent gemacht …" Das Topmanagement ist damit zufrieden, heftet das nette Papier ab, verteilt es an die Mitarbeiter und macht genau so weiter wie bisher. Wen wundert es, dass der Kulturwandel dann scheitert?

Daneben gibt es noch weitere Gründe, warum viele Kulturwandel nicht glücken:

– Eine klare Vision fehlt.
– Die Mitarbeiter werden nicht mit ins Boot genommen.
– Die Kommunikation im System ist nicht funktional.
– Das Engagement erlahmt, sobald sich erste Erfolge einstellen.

– Es wird zu schnell aufgegeben. Kulturveränderungen brauchen Zeit und erfordern Geduld, denn Verhaltensweisen, die über Jahre entstanden sind, lassen sich nicht über Nacht ändern.
– Der Alltag kommt zurück und der Schwung geht verloren. Beständigkeit ist hier das Zauberwort.
– Führungskräfte schaffen es nicht, sich gegen Widerstände der Mitarbeiter durchzusetzen. Wenn sich Mitarbeiter dauerhaft querstellen, sind Regeln und Konsequenzen erforderlich.

Unternehmenskultur verändern in der Praxis

Wenn meine Leadership Dogs® und ich Firmen dabei helfen, ihre Unternehmenskultur zu verändern, öffnen wir zuerst die Black Box. Anstatt der üblichen Mitarbeiterbefragungen per Papier setzen wir auf echte Kommunikation mit den Teams. Wir beleuchten die dunkelsten Ecken, wirbeln Staub auf, der dann weggefegt wird. Danach gibt es verschiedene Abstimmungen und Commitments, bevor wir uns um die Kultur, die Vision und die alles entscheidende Frage nach dem „Warum" kümmern. So geht WAU-Effekt in der Praxis.

Wie kann ein erfolgreicher Kulturwandel ablaufen?

In Anlehnung an „Das Pinguin-Prinzip" von John Kotter und Holger Rathgeber (2006). Diese schöne Fabel zum Meistern von Veränderungen in acht Schritten empfehle ich dir zu lesen. Mein Rat ist, dir vor Schritt 1 externe Unterstützung zu holen, um diesen Prozess neutral begleiten zu lassen.

1. Es ist dringend! Zeige auf, warum ein Kulturwandel notwendig ist, um die Dringlichkeit in den Köpfen zu verankern. Die möglichen Gründe sind abhängig von der Situation deines Unternehmens. Lade alle Mitarbeiter ein und verkünde, wie dringend der Kulturwandel ist! Wenn das Betriebsklima bereits am Gefrierpunkt ist, gilt es, alte Denk- und Verhaltensweisen aufzutauen.
2. Das Team – alle an Board! Mach deutlich, dass es schön wäre, wenn sich alle Mitarbeiter beteiligen. Je nach Größe des Unternehmens gibt es hierfür verschiedene Umsetzungsmöglichkeiten. Die Mitarbeiter werden so zu Mitdenkern.

3. Vision – die Frage nach dem WHY: Hier sind Kreativität und Quer-denken gefragt (siehe dazu Abschn. 6.2).

4. Verständnis und Akzeptanz: Hier bist du als Führungspersönlich-keit gefragt mit all den Soft Skills, die du in diesem Buch vertieft hast: von EQ bis Kommunikation und Mindset. Hier ist die Ver-änderungskompetenz (siehe Abschn. 5.3.4) wichtig, damit neue Denk- und Handlungsweisen etabliert werden können, um Verständ-nis und Akzeptanz zu erreichen.

5. Hindernisse eliminieren, um Platz für Handlungsfreiräume zu schaffen: Es kommt darauf an, die Hindernisse und Bedenken früh-zeitig zu erkennen und diese zu eliminieren, um den Flow nicht zum Erliegen zu bringen.

6. Quick Wins – Erfolge feiern: Sprich über Fehler und was ihr daraus gelernt habt und welche Herausforderungen ihr gemeistert habt. Genießt eure Erfolge!

7. Dranbleiben – statt sich auf den Lorbeeren auszuruhen: Reflektiere regelmäßig mit deiner Mannschaft und bleibt am Ball. Die Zeiten, das System sowie der Markt ändern sich ständig und schnell. Deshalb gilt es, schnell darauf reagieren zu können, statt sich auf vergangenen Erfolgen auszuruhen.

8. Mindset für Nachhaltigkeit: Jetzt gilt es, die neuen Verhaltensweisen in den Köpfen zu festigen und dauerhaft zu leben. Du als Führungs-persönlichkeit bist hier gefragt! Der neue Weg soll hier gefestigt werden, damit die Mannschaft ein Fundament hat, worauf sie bauen kann.

Kulturwandel gemeistert – können wir uns darauf ausruhen?

Nehmen wir an, Unternehmen X schafft den Kulturwandel. Wie kann es sicherstellen, dass sich nicht alle auf den vergangenen Erfolgen aus-ruhen (s. Abb. 6.3)? Wie kann der Status quo gesichert werden? Dazu sind folgende Voraussetzungen zu erfüllen:

- Langfristiger Einsatz vonseiten der Führungsebene: Sie sollte weiter-hin dahinterstehen und dies entsprechend kommunizieren. Das Vor-bildverhalten ist hier essenziell, nach dem Motto: „Der Fisch stinkt am Kopf zuerst."

- Konsequenzen: Wenn Regelbrecher und Querulanten den Kultur-wandel blockieren, sind sie in ihre Grenzen zu weisen.
- Beharrlichkeit, um dranzubleiben, wenn sich nicht sofort riesige Erfolge einstellen.
- Kommunikation und Information müssen im gesamten Unter-nehmen im Fluss sein, ob von unten nach oben, horizontal, quer und von oben nach unten. Nicht einbiegen in die Einbahnstraße!
- Verantwortliche, die „die aktuelle Temperatur" im Auge behalten und Probleme an die Top-Führungsebene kommunizieren.
- Die Corporate Identity, die entwickelt wurde, soll nach außen kommuniziert und vor allem gelebt werden. Das gilt von der Putzfee bis zum Topmanager!

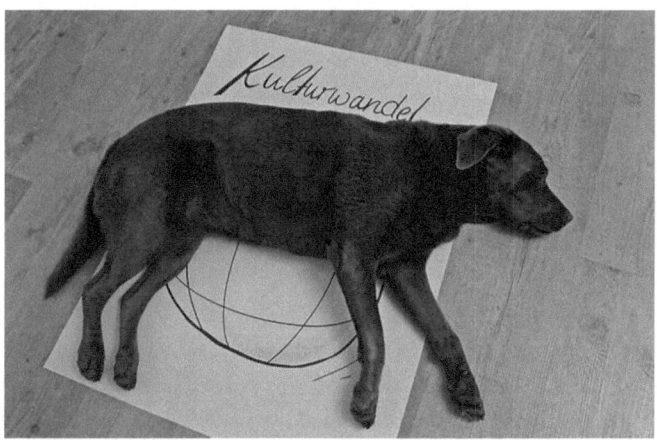

Abb. 6.3 Kulturwandel ist ein Prozess, auf dem man sich nicht ausruhen kann

> **Reflexionsfragen für dich**
>
> - Hast du bereits einen erfolgreichen Kulturwandel in deinem Unternehmen erlebt?
> - Wie wichtig siehst du das Thema Kulturwandel auf einer Skala von 1 bis 10 (1 steht für unwichtig, 10 für sehr wichtig)

6.2 Suche Leistung, biete Sinn – die Frage nach dem „Warum"

Anfang des 20. Jahrhunderts trieb die Menschheit die Frage um, wer als Erster mit einem Flugzeug fliegen würde. Als Favorit galt der Harvard-Professor Samuel Pierpont Langley. Regierung und Wirtschaft unterstützten ihn mit Geld und Technik-Expertise. Gebannt verfolgte die Presse jeden Schritt seines Projekts. Gleichzeitig bastelten die Brüder Wilbur und Orville Wright an einer Flugmaschine. Sie hatten keinen College-Abschluss, geschweige denn ein Studium vorzuweisen, sie hatten nur wenig Geld zur Verfügung. Unterstützt wurden sie lediglich von einer kleinen Gruppe Männer aus ihrer Umgebung. Doch sie hatten einen gemeinsamen Traum: Sie wollten fliegen.

Du kennst das Ende der Geschichte: Am 17. Dezember 1903 legte Orville Wright eine Strecke von 37 Metern im Flugzeug zurück und legte damit den Grundstein für die moderne Luftfahrt. (Vgl. GreenSocks Consulting 2018) Warum gelang einer Handvoll Männer ohne Studium und dickes finanzielles Polster etwas, das ein etablierter Professor mit reichlich Unterstützung nicht schaffte? Weil Langley nicht von seiner Vision, sondern eher von dem Gedanken an Ruhm und finanziellen Erfolg angetrieben wurde.

Jedes Unternehmen hat einen Grund, warum es das tut, was es tut. Irgendwann hatte irgendjemand eine Vision und daraus ist ein Unternehmen entstanden. Doch das Wissen um diese Vision ist in zahlreichen Firmen mit der Zeit verlorengegangen. Viele Unternehmen beschäftigen sich nicht mit dem „Warum" – und das unterscheidet erfolgreiche von weniger erfolgreichen Firmen. Erfolgreiche Unternehmen stellen ihr Unternehmen auf den Kopf – sie brechen bewusst

Regeln, um alte, verkrustete Strukturen aufzubrechen und sich auf das „WHY" zurückzubesinnen, um von dort aus einen Neustart zu beginnen.

Der Weg zum gelebten „Warum" – Firmenvision voraus!

Der erste Schritt zum gelebten „Warum" besteht darin, eine Unternehmensvision zu entwickeln. Wer das Wort „Vision" nicht einordnen kann, darf es mit „Leitbild" gleichsetzen. Um eine Vision zu entwickeln, braucht es Herz und Verstand.

Simon Sinek (2018) beschreibt die Vorgehensweise, wie es erfolgreiche Unternehmen machen, als „golden Circle". Im Zentrum des Kreises, der aus drei Ringen besteht, befindet sich das „Warum", die Frage nach dem Sinn, der Vision und dem Leitbild. Der zweite und zugleich mittlere Ring fragt nach dem „Wie", hier geht es um Prozesse und die Umsetzung, also um die Art, wie etwas getan wird (Alleinstellungsmerkmal, Strategien, besonderes Herstellungsverfahren, Prozesse). Zum äußeren Ring, der das „Was" darstellt, gehören Produkte und Dienstleistungen.

Die meisten Unternehmen beginnen umgekehrt und starten beim „Was". Warum tun sie das? Es ist bequemer, denn das „Was" ist leicht zu identifizieren: Es ist das Produkt/die Dienstleistung, die das Unternehmen anbietet. Das „Wie" ist meist noch klar. Aus der Vertriebssicht betrachtet, kaufen Menschen nicht, *was* du machst, sondern *warum* du es machst. Es gibt am Markt viele Produkte und Dienstleistungen, die fast identisch sind. Menschen kaufen Produkte/Dienstleistungen bei den Menschen, wo Verkäufer menschlicher sind, d. h., die mehr Passion, Herz und Enthusiasmus haben.

Wenn diese drei Dinge klar sind, geht es um die Ausführung bzw. die Verantwortung und die Verbindlichkeit. Zum *Beispiel:*

- Wer macht was?
- Wann soll es umgesetzt sein?
- Wo braucht es Unterstützung?

Die folgenden Fragen helfen dabei, die Firmenvision aufzustellen:

- Warum gibt es das Unternehmen?
- Welche Probleme der Kunden können wir lösen?
- Was sind unsere Wunschkunden?
- Welche Art von Unternehmen wollen wir darstellen?
- Warum bietet es genau die Dienstleistungen bzw. genau die Produkte an?
- Warum bietet es sie in genau dieser Form an?
- Was unterscheidet das Unternehmen von Wettbewerbern – und zwar nicht hinsichtlich der Angebote, sondern im Hinblick auf den eigenen Spirit, den eigenen Kern?
- Wie könnte die Titelgeschichte des Unternehmens lauten?
- Welche Artikel könnten in der Zeitung und in den sozialen Medien über das Unternehmen stehen?
- Welche Bilder tauchen dabei auf?
- Welche Ideen gibt es dazu?
- Wenn du ganz groß und verrückt „out of the box" denkst: Welche verrückenden Ideen gibt es hier?
- Welche möglichen Zitate könnte es geben?
- Welche Zahlen, Daten und Fakten gibt es?
- Welchen Mehrwert bringt das Unternehmen für die Welt?
- Welche Zielgruppe können und wollen wir bedienen?
- Wie sehen unsere Beziehungen zu Kunden, Lieferanten, Banken und Mitarbeitern aus?
- Welche Art von Führung gibt es?

Die Vision bildet die Grundlage, wie Menschen miteinander umgehen. Sie dient als Leuchtturm eines Unternehmens. Sie erzeugt Sogwirkung. Sie gibt Führungspersönlichkeiten und Mitarbeitern Orientierung und Handlungssicherheit. Wichtig ist, dass sie emotional, (be-)greifbar und sinnhaft ist.

Mitarbeiter, die sinnbefreit arbeiten, toben sich meist in der Freizeit aus. Oft haben Menschen mit langweiligen Jobs die krassesten Hobbys – von Klettern bis Fallschirmspringen, weil der Kick im täglichen Tun fehlt.

In vielen Unternehmen wird die Vision nur von der oberen Führungs-ebene entwickelt, an die Wand gepinnt oder auf Hochglanzprospekte gedruckt, und die Mitarbeiter machen sich darüber lustig. Wenn Mit-arbeiter in diesem Prozess der Neu- oder Weiterentwicklung nicht mit-genommen werden, geht der Schuss nach hinten los.

Beim Entwickeln des „Warum" braucht es das „Bottom-up-Prinzip", beim Vorleben dagegen das „Top-down-Prinzip". Wenn Mitarbeiter die Vision mitgestalten können, entsteht ein Gefühl von Verbundenheit.

> **Tipp:** Ein firmeninterner Workshop mit deinem Team und externer Begleitung kann dir dabei helfen, die Unternehmensvision zu entwickeln.

Was dich antreibt – dein persönliches „Warum"

Stell dir vor, vor dir liegt ein unwegsamer Pfad voller Schlaglöcher und Stolpersteine, teilweise von Gebüsch überwuchert, teilweise extrem steil. Warum solltest du ihm folgen? Wenn du darauf keine über-zeugende Antwort hast, wirst du höchstwahrscheinlich stehen bleiben oder umkehren. Wenn du jedoch weißt, dass am Ende des Pfades etwas ist, wofür es sich weiterzugehen lohnt, wirst du die Mühen auf dich nehmen.

Gleiches gilt für die Arbeit: Wenn wir einen Sinn sehen in dem, was wir tun, überwinden wir dafür Hürden und kicken Stolpersteine aus dem Weg. Wir brauchen einen Sinn, ein „Warum", das uns im Leben sowie bei der Arbeit antreibt. Es braucht deine Bewusstheit, was dir wirklich Spaß macht und wofür du brennst!

> ### Vorbild Vierbeiner
>
> Ein Hund hat immer ein „Warum" – er macht nur Dinge, die für ihn Sinn ergeben: Entweder hat er bei seinem Tun angenehme Emotionen oder sein Verhalten dient einem bestimmten Zweck. Er ist darauf gepolt, Ressourcen zu sparen und sich auf die essenziellen Dinge zu fokussieren.

Im folgenden Fragebogen kannst du dein „Warum" näher bestimmen:

Mein „Warum"	
Warum tue ich das, was ich tue?	
Wie mache ich es?	
Was mache ich dafür?	

Was ist deine Vision im Leben? Aus meiner ganzheitlichen Sicht ist Klarheit im eigenen Leben notwendig. Das bedeutet Bewusstheit über dein „Warum", damit du abgleichen kannst, ob das „Warum" im Unternehmen zu dir passt. Wenn beides übereinstimmt, bist du genau am richtigen Ort. Wenn nicht, ist das ein geeigneter Zeitpunkt, um einzuhaken und zu überlegen, wo etwas verändert werden kann.

Übung 1: Vision Board
In fünf Schritten kommst du deiner Vision näher, indem du dein persönliches Vision Board (Dream Board) erstellst: Es ist ein großartiges Tool, um deine Lebensvision, Träume, Wünsche und Sehnsüchte zu visualisieren, damit sie sich in deinem Unterbewusstsein manifestieren können. Idealerweise planst du dein Leben rückwärts. Stell dir vor, du bist alt und sitzt in deinem Sessel und blickst auf dein Leben zurück.

1. In einem ersten Schritt unternimmst du ein Brainstorming: Was möchtest du erreichen? Welche Geschichten möchtest du im Alter erzählen? Was ist dir wichtig? Schreibe deine Wünsche, deine Vision und Ziele auf. Träume und denke dabei groß (als Unterstützung dient die nächste Übung). Notiere dabei Punkte aus deinen verschiedenen Lebensbereichen und ordne ihnen Zeitspannen zu.

2. Nimm dir nach dieser Ideenfindungsphase ein wenig Zeit, um das „sacken zu lassen". Wenn der Fokus dann wieder klar ist, schau dir deine Sammlung an: Möchtest du alles beibehalten? Fehlt etwas? Ist etwas doch nicht so zentral wie ursprünglich gedacht?

3. Jetzt ist deine Kreativität gefragt. Du entscheidest, ob du das ganz analog oder digital machen möchtest. Suche aus Zeitschriften oder dem Internet Bilder, Zitate, Texte aus, die dich ansprechen, z. B. Wohnsituation, Hobbys, Urlaub, Auto, Boot, Haustiere, Menschen usw. Einfach alles, was du dir in allen Lebensbereichen – wie Familie und Beziehungen, Beruf, Gesundheit, Sinn, Finanzen, Hobbys – wünschst.

4. Alles gefunden? Wenn du magst, ordne sie den Lebensbereichen zu oder platziere die Dinge so, wie es für dich passt.

5. Wenn du dich für die analoge Version entscheidest, überlege dir, wo du das Vision Board am besten platzierst, damit du es im Blick hast. Du kannst deiner Kreativität freien Lauf lassen: Du kannst beispielsweise eine Spanplatte, Flipchart-Papier, eine Magnettafel, eine Korkwand oder etwas ganz anderes verwenden. Für digitale Vision Boards findest du im Netz gute Tools. Das digitale Vision Board kannst du dann z. B. als Handy- oder Bildschirmhintergrund nutzen.

6. Wenn du täglich dein Vision Board vor Augen hast, nimm dir ca. fünf Minuten Zeit, dort aktiv einzutauchen und deine Träume zu visualisieren. Stell dir vor, du hast das Ziel schon erreicht. Tauche ein in die Emotionen, die da sind. Aus der Forschung weiß man, dass das Gehirn nicht unterscheiden kann, ob etwas Realität oder Fiktion ist – etwa wie im Flugsimulator. (Spektrum 2008)

Mein Vision Board habe ich auf Flipchart-Papier erstellt. Es hängt in meinem Büro in meinem direkten Blickfeld. Ich bin unendlich dankbar dafür und erschrecke teilweise selbst, welche Dinge sich schon realisiert haben und welche Fotos ich abnehmen kann. Du kannst die Bilder deiner bereits erreichten Ziele hängen lassen, abnehmen oder sie in eine „Schatztruhe" geben, damit du vor Augen hast, was du bereits erreicht hast. Mach es so, wie es dir gefällt! Das Buch, das du gerade liest, war ein Teil meines Vision Boards, das zur Realität wurde.

Übung 2: Der Film deines Lebens

Hier eine weitere Möglichkeit, wie du deiner Vision näherkommen kannst. Idealerweise schließt du die Augen und lässt dir folgenden Text vorlesen:

Stell dir vor, du bist auf dem Weg ins Kino. Du bist dort angekommen und läufst auf das Kino zu, siehst die Menschen, die am Eingang warten. Die Leuchtreklame für den bevorstehenden Film strahlt in der Dunkelheit. Der trägt den Titel „Mein erfolgreiches und glückliches Leben". Du gehst mit deinem vorab gekauften Ticket hinein, der Duft von fluffigem Popcorn liegt in der Luft, während du deinen reservierten Platz suchst. Der weiche Sessel unter dir ist ganz bequem. Im Hintergrund läuft leise Musik. Du merkst, wie du ganz ankommst. Als der Eisverkäufer kommt, kaufst du dir etwas Leckeres, damit du deinen Film genießen kannst.

Der Vorhang öffnet sich und der Film beginnt. Auf der Leinwand steht der Titel: „Mein erfolgreiches und glückliches Leben." Jetzt lasse dich von deinem eigenen Film inspirieren. Schau, was läuft. Wie und wo wohnst du? Wer wohnt mit dir? Du genießt es, mit Freunden und Familie dein Leben zu feiern. Wer ist alles dabei? Du gehst täglich einer Arbeit nach, die dir wirklich Spaß macht. Wo ist das und was genau machst du dort? Worüber freust du dich?

Jetzt schau gerne mal in die Vergangenheit und erinnere dich, welche Meilensteine du auf deinem Weg schon gemeistert hast. Lass dir Zeit und genieße deinen Film mit allen Sinnen. Was siehst, hörst, riechst du, was fühlst du, was schmeckst du? Wenn du bereit bist, kommt dein Happy End auf der Leinwand. Du bist total beflügelt und der rote Vorhang schließt sich langsam. Das Licht wird heller, du öffnest die Augen und kommst wieder ganz im Hier und Jetzt an.

Schreibe dir intuitiv alle Gedanken auf, ohne zu bewerten. Es ist völlig egal, ob ganze Sätze, Stichworte oder grammatikalisch perfekt. Lass es fließen und notiere alles, was dir in deinem Film begegnet ist.

Zur Inspiration möchte ich dir die Geschichte des Pferdezüchters und Autors Monty Roberts erzählen (frei nach Gusenbauer 2010):

Es gab einen kleinen Jungen, dessen Vater ein umherwandernder Pferdedresseur war. Dieser reiste von Stall zu Stall und von Ranch zu Ranch, um Pferde zu dressieren. Durch diese Tatsache wurde die Schulausbildung seines Sohnes ständig unterbrochen.

In der Oberstufe wurde sein Sohn gebeten, eine Arbeit darüber zu schreiben, was er werden und tun wolle, wenn er älter sei. Er schrieb eine sieben Seiten lange Arbeit, die sein Ziel beschrieb, eines Tages eine Ranch zu besitzen. Er schrieb sehr ausführlich über seinen Traum und zeichnete sogar einen Plan, der alle Gebäude und Ställe zeigte, ebenso zeichnete er das 400 qm große Haus, das auf seiner Ranch stehen sollte. Er hängte sein ganzes Herz – seine Liebe und Emotion – an dieses Projekt und gab die Arbeit seinem Lehrer. Zwei Tage später erhielt er sie zurück mit einer glatten 6 und der Bemerkung, sich nach der Stunde bei seinem Lehrer zu melden.

Der Junge mit dem Traum ging nach der Stunde zu dem Lehrer und fragte: „Warum habe ich eine 6 bekommen?" Der Lehrer sagte: „Dies ist ein unrealistischer Traum für einen Jungen wie dich. Du hast kein Geld. Du stammst aus einer Wanderarbeiterfamilie. Der Besitz einer Ranch kostet viel Geld. Du musst das Land kaufen. Es gibt keine Möglichkeit, dass du das jemals schaffen kannst. Wenn du diese Arbeit mit einem realistischen Ziel neu schreibst, werde ich die Note noch einmal überdenken." Der Junge ging nach Hause und dachte lange darüber nach. Er fragte seinen Vater, was er tun solle. Der Vater sagte: „Sieh mal, Sohn, du musst das selbst entscheiden. Ich glaube, es ist eine sehr wichtige Entscheidung für dich."

Schließlich, nachdem er eine Woche damit zugebracht hatte zu überlegen, reichte der Junge dieselbe Arbeit ein, ohne irgendetwas zu ändern. Er sagte: „Sie können die 6 stehen lassen, und ich kann meinen Traum behalten."

Reflexionsfragen für dich

- Wie sieht dein Film des Lebens aus?
- Wie sieht dein Leben aus, wenn du es rückwärts planst?
- Was ist dein Fazit aus der Geschichte des Monty Roberts?
- Warum stehst du jeden Morgen auf?
- Hast du bereits mit einem Vision Board gearbeitet?

6.3   Das Navi in deinem Kopf – ein „Warum" braucht Ziele

Dein „Warum" hängt eng mit deinen Zielen zusammen. Wenn deine Vision klar ist und du weißt, wo du hinwillst, kannst du deine (Etappen-)Ziele dorthin definieren.

Wie viele Menschen gibt es, die keine Ziele haben und sich dann wundern, wo sie landen?! Oder sie rennen den Karotten hinterher, die ihnen andere vor die Nase halten. Sie reagieren nur, anstatt zu agieren. Wenn du in deinem Auto sitzt, gibst du in dein Navigationsgerät ein Ziel ein, wenn du den Weg nicht kennst.

Vorbild Vierbeiner

Ich habe noch keinen Hund gesehen, der bei einer Jagd den Hasen sieht, innehält und zu zweifeln beginnt, ob er ihn erwischt. Ein Hund fokussiert und jagt dann auf kürzestem Weg zum Ziel. Wenn Menschen so klare Ziele hätten, würde es mit der „zweibeinigen Hasenjagd" besser funktionieren.

Was braucht es, um Ziele zu erreichen?
Besonders wichtig ist das Fundament, das aus deinen Werten (siehe Abschn. 5.1) und Bedürfnissen besteht. Wenn du sie gut kennst, kann darauf alles andere aufbauen; sie bilden die Basis für deinen Erfolg. Zudem ist es wichtig, dir deiner Stärken und Talente bewusst zu sein. Befrage gerne Menschen, die dir nahestehen, welche Stärken und Talente sie an dir schätzen, und checke die Übereinstimmungen. Eine Übersicht über den Weg zum Erfolg findest du in Abb. 6.4.

Du erinnerst dich an Norbert Höchner, den sechsfachen Kickbox-Weltmeister (siehe Abschn. 5.3.3). Wenn er sein Ziel nicht genau vor Augen gehabt hätte, wäre er nicht von der Couch-Potato zum Weltmeister geworden.

Besonders im Sportbereich wird Mentalcoaching angewandt. Als Führungspersönlichkeit bist du ebenso ein Hochleistungssportler. Nutze dein Potenzial! Wichtig ist, die Ziele nicht nur mit dem Kopf

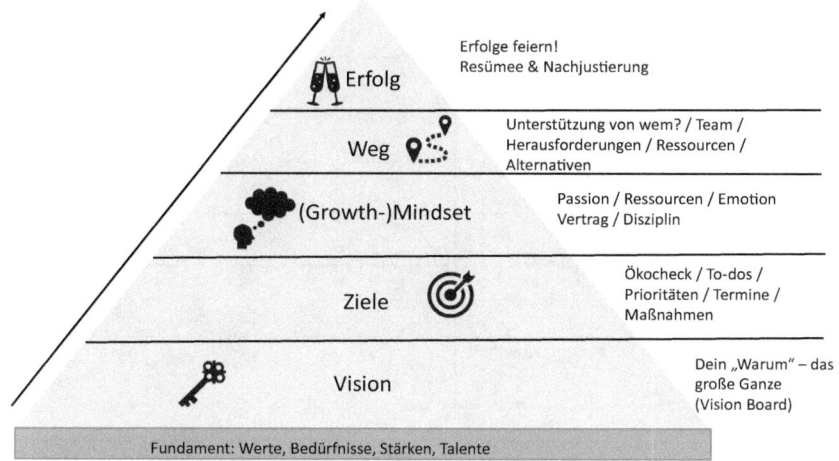

Abb. 6.4   Der Weg zum Erfolg

zu definieren – also mit deinem kognitiven System –, sondern zusätzlich mit dem Herzen. Sie sollen dich wirklich berühren, wenn du daran denkst. Wenn du deine Ziele definierst, formuliere sie positiv, dass ein „Hin zu" entsteht, anstatt eines „Weg von". Viele Menschen wissen, was sie nicht mehr wollen, und haben trotzdem keine Idee, was sie machen wollen. „Hin-zu-Ziele" haben eine enorme (Anziehungs-)Kraft, „Weg-von-Ziele" schwächen dich. Klarheit und Bewusstheit bilden die Grundlagen für deine Ziele, damit du weißt, wohin du willst. Wenn du das Ziel kennst, kannst du es in deinem Navigationssystem eingeben, wie im Auto. So ist es bei deinen Zielen im Leben: Dein Herz und dein Hirn sollen wissen, wo es hingeht, um in die richtige Richtung zu gehen.

Dein Vision Board symbolisiert deine beruflichen und privaten Ziele. Vielleicht kann es dir helfen, sie noch einmal bewusst auszusprechen. So kannst du deine Ziele in die Tat umsetzen: Fülle den folgenden Fragebogen aus oder lege dir alternativ eine Liste mit diesen Punkten an. Du kannst bei Bedarf digitale (Online-)Tools verwenden, wenn dir das leichter fällt. Somit hast du alle Ziele und To-dos auf einer Liste.

Was ist mein Ziel?	
Wem dient es?	
Was ist mein „Warum" dahinter?	
Welche Maßnahmen braucht es?	
Woran kann ich es messen?	
Welche Priorität hat es (in Zahlen oder Buchstaben)?	
Welches Gefühl kommt bei mir auf, wenn ich daran denke?	
Ziel definiert am:	
Zielerreichung bis:	
Was ist mein Resümee (Ziel erreicht bzw. nachjustieren)?	

Was ist wirklich wichtig?

Der Tag ist oft vollgestopft mit Dingen, die unbedingt *jetzt* erledigt werden sollen. Doch nicht alle sind wichtig. Im Zeitmanagement unterscheidet man zwischen A-, B- und C-Aufgaben.

- A-Aufgaben sind sehr wichtig (und oft umfassend).
- B-Aufgaben sind relativ wichtig und von mittlerem Umfang.
- C-Aufgaben sind (eher) unwichtig, gehen dafür oft schnell von der Hand.

Was passiert? Wir fokussieren uns auf die Dinge, die wir schnell abhaken können (C-Aufgaben). Die wirklich wichtigen Dinge (A-Aufgaben) schieben wir auf. So werden wir von Wissensriesen zu Umsetzungszwergen. Nach dem Motto „Hauptsache, der Schreibtisch ist leer", doch das „große Ganze" wird oft vernachlässigt. Im besten Fall stellen wir abends nach einem richtig anstrengenden Tag fest, dass wir die wichtigen Dinge überhaupt nicht angegangen sind. Im schlimmsten Fall verlieren wir das Ziel aus den Augen und vergessen, dass es die A-Aufgaben überhaupt gab. Oft werden zudem Dinge aufgeschoben, die unangenehm sind. Wenn du mit einer klaren Zielliste arbeitest, lege ein Datum fest, wann die Ziele erreicht sein sollen. Dadurch wird das Thema Prokrastination, also die Aufschieberitis, weniger werden. Um unerledigte Dinge, die Aufschieberitis liegen geblieben sind, kannst du den „Kackhaufen-Tag" nutzen. Das bedeutet, es werden alle lästigen Aufgaben, also die „Kackhaufen" aus Hundesicht, aufgehoben und weggeräumt. Probiere das gern mit deinem Team aus! Stellt euch gegenseitig die „Kackhaufen" vor, die ihr bearbeiten und wegräumen wollt, und dann geht gemeinsam frisch ans Werk.

Die Eisenhower-Methode, die ihren Namen dem gleichnamigen ehemaligen US-Präsidenten verdankt, ist ebenfalls ein gutes Mittel, um Aufgaben zu priorisieren. Dabei unterscheidest du, ob Aufgaben wichtig oder unwichtig sind und ob sie dringlich oder nicht dringlich sind. So entsteht eine Vier-Felder-Matrix. Das Schöne an dieser Methode: Du findest nicht nur heraus, welche Aufgaben besondere Priorität haben, sondern sortierst einige To-dos aus, die dir nichts bringen.

Mein Tipp: Lege einen Zettel und einen Stift neben dein Bett, damit du dir die Dinge, die dir nachts einfallen, aufschreiben kannst. Sobald diese niedergeschrieben sind, kannst du beruhigt weiterschlafen.

Termine, Termine, Termine

Sie gehören zum Alltag jeder Führungspersönlichkeit: Hier muss etwas mit der Geschäftsleitung besprochen, dort ein Kundengespräch geführt werden, außerdem stehen wieder Mitarbeitergespräche an und der Vertriebsinnendienst möchte ebenfalls noch gebrieft werden ... All das ist wichtig, keine Frage. Doch wie viele dieser Gespräche erweisen sich im Nachhinein als Zeitverschwendung, als ineffektiv und viel Drumherumgerede ohne echten Output? Die Antwort kennst du besser als ich.

Wie viele Termine in deinem Kalender sind – wenn du näher darüber nachdenkst – unwichtig? Wenn ich raten darf: einige. Welche Aufgaben sind pure Zeitverschwendung? Gerade im privaten Bereich nutzen wir unsere Zeit oft für Dinge, die uns nicht guttun, z. B. für die Steuererklärung oder für ein Treffen mit jemandem, der uns permanent die Ohren volljammert.

Was spricht dagegen, die Steuererklärung einem Steuerberater anzuvertrauen und deine kostbare Freizeit nur mit solchen Dingen zu füllen, die deine Energiespeicher auffüllen (siehe Abschn. 5.3)? Dinge, die du nicht gern tust, machen andere vielleicht gern!

Reflexionsfragen für dich

- Triffst du in deiner Freizeit Menschen, die du wirklich magst?
- Wie sieht dein Terminkalender aus?
- Wie gut kannst du zwischen wichtigen und dringenden Aufgaben unterscheiden?

Mache dir bewusst, dass nicht erreichte Ziele Lernerfahrungen sind. Reflexion hilft dir dabei zu verstehen, warum ein Ziel nicht erreicht wurde. Wenn du deine Ziele definierst, überprüfe achtsam, ob sie zum großen Ganzen, also zu deiner Vision passen.

Erfolgsbremsen auf dem Weg

Dranbleiben ist angesagt! Im Alltag erfinden Menschen viele Ausreden, warum ein Ziel nicht erreicht wurde. Folgende Erfolgsbremsen und Ausreden höre ich immer wieder:

- „Ich habe zu wenig Zeit."
- „Ich bin (mit anderen Dingen) überfordert."
- „Ich kann das nicht, weil ..." Hier kommen dann Glaubenssätze (siehe Abschn. 5.3.2) ins Spiel.
- „Mir fehlt die Freude daran."
- „Das Geld fehlt."
- „Ich habe nicht genug Disziplin."
- „Mein Fokus bzw. der Fokus des Unternehmens liegt auf etwas anderem."
- „Es gibt keinen Plan."

Weitere Gründe, warum Ziele nicht erreicht werden, sind mangelnde Kommunikation, zu hoch gesteckte Ziele und Interessenkonflikte.

Was tun, wenn Ziele scheitern?

– Sieh das Scheitern als Chance für persönliche Weiterentwicklung.
– Lerne aus Erfahrungen. Nimm es als Wachstumschance und richte dich gegebenenfalls neu aus.
– Hake das Scheitern als Lernerfahrung ab.
– Frag dich, woran es gelegen hat, um nachjustieren zu können.
– Nutze Niederlagen, um besser zu werden.

Der „Personal Fit" – Passt du zu deinem Unternehmen und dein Unternehmen zu dir?
Inzwischen hast du dir Gedanken über dein „Warum" sowie über das deines Unternehmens gemacht. Jetzt ist es Zeit für eine persönliche Bilanz.

Reflexionsfragen für dich

– Was sind deine beruflichen Ziele?
– Was sind deine privaten Ziele?
– Passen deine beruflichen und privaten Ziele zusammen?
– Was sind (noch) deine Erfolgsbremsen?
– Kennst du die Ziele des Unternehmens? Weißt du, inwiefern deine Arbeit dazu beiträgt, diese Ziele zu erreichen?
– Worin liegt dein Hauptanreiz, um sich im Job so richtig ins Zeug zu legen?
– Worin besteht das „Warum" der Firma?
– Passt dieses „Warum" zu dir, deinen Zielen, Werten und zu deiner Vision?
– Falls du Unstimmigkeiten entdeckst: Was kannst du tun, um diese aufzulösen?

Werde zu der Führungspersönlichkeit mit Herz und Hirn, die du sein möchtest – ob privat oder beruflich.

Was dir die Leadership Dogs® Mira und Maggy noch mit auf den Weg geben möchten: Nimm unsere Tipps ernst, sie werden dir dein Leben erleichtern. Du musst nicht auf den Hund kommen, sondern mache es einfach uns nach! Manchmal ist weniger mehr! Schau dir dazu unseren Terminplan an (s. Abb. 5.5)!

Wenn du mal wieder nicht weiter weißt, dann frage einen Hund deines Vertrauens, denn wie schon Franz Kafka sagte:

„Alles Wissen, die Gesamtheit aller Fragen und alle Antworten ist in den Hunden enthalten." (Franz Kafka) (zitatezumnachdenken.com o. J.)

Herzlichst,
Melanie Ebert mit Mira und Maggy

Literatur

Bergmann F (2004) Neue Arbeit, Neue Kultur. Arbor, Freiamt
BetterUp (2018) Workers value meaning at work; New research from betterup shows just how much they're willing to pay for it. https://www.betterup.com/en-us/about-us/news-and-press/workers-value-meaning-at-work-new-research-from-betterup-shows-just-how-much-theyre-willing-to-pay-for-it#:~:text=The%20Meaning%20and%20Purpose%20at,Employees%20lack%20meaning%20at%20work. Zugegriffen: 19. Febr. 2021
Gabler Wirtschaftslexikon (o. J.) https://wirtschaftslexikon.gabler.de/definition/unternehmenskultur-49642/version-272870. Zugegriffen: 03. Dez. 2020
GreenSocks Consulting (2018) Die Kraft der Leidenschaft. https://www.greensocks.de/news/detail/news/die-kraft-der-leidenschaft/. Zugegriffen: 17. Dez. 2020
Gusenbauer B (2010) Monty Roberts – Der wahre Pferdeflüsterer. https://motivationsgeschichten.com/2010/08/09/monty-roberts-wahre-pferdefluesterer-9150717. Zugegriffen: 03. Dez. 2020
IHK Nürnberg (2012) https://www.ihk-nuernberg.de/de/wir-ueber-uns/Geschichte/bayerisches-wirtschaftsarchiv/exponate-des-jahres-2012/auf-1000-seiten-wirtschaftsgeschichte-pur-der-quelle-katalog-aus-dem-jahr-1970. Zugegriffen: 03. Dez. 2020
Kotter J, Rathgeber H (2006) Das Pinguin-Prinzip. Droemer Verlag, Köln
kununu (2019) Europas größte Arbeitgeber-Bewertungsplattform kununu launcht Kulturkompass. https://news.kununu.com/presseinformation/europas-groesste-arbeitgeber-bewertungsplattform-kununu-launcht-kulturkompass/. Zugegriffen: 03. Dez. 2020
Sinek S (2018) Frag immer erst: Warum, Wie Führungskräfte zum Erfolg inspirieren, 5. Aufl. Redline Verlag, München

Spektrum (2008) Hirnforschung: Film, Buch oder Wirklichkeit – dem Gehirn ist es egal. https://www.spektrum.de/news/film-buch-oder-wirklichkeit-dem-gehirn-ist-es-egal/964683. Zugegriffen: 03. Dez. 2020

StepStone (2019) Erfolgsgeheimnis Team. https://www.stepstone.de/Ueber-StepStone/wp-content/uploads/2019/03/StepStone_Erfolgsgeheimnis-Team.pdf. Zugegriffen: 27. Feb. 2021

zitatezumnachdenken.com (o. J.) https://zitatezumnachdenken.com/franz-kafka/11755. Zugegriffen: 03. Dez. 2020

7

Deine Pfotenabdrücke (dein Umsetzungsplan)

Zusammenfassung

In diesem Buch hast du viele Anregungen erhalten, die du in deinem (Arbeits-)Alltag umsetzen kannst. Vielleicht möchtest du manches gleich ausprobieren oder erst mal sacken lassen. Über anderes möchtest du möglicherweise intensiver nachdenken. Dieser Umsetzungsplan hilft dir dabei.

© Der/die Autor(en), exklusiv lizenziert durch Springer Fachmedien Wiesbaden GmbH, ein Teil von Springer Nature 2021
M. Ebert, *Leadership ohne Leine,* https://doi.org/10.1007/978-3-658-33610-3_7

Deine Gedankensammlung:

....

....

Deine wichtigsten Erkenntnisse aus diesem Buch:

....

....

Was du ab sofort umsetzen wirst:

....

....

Welche Pfotenabdrücke willst du im Leben hinterlassen?

....

....

Bevor du wieder zum Alltag übergehst, möchte ich dazu ermuntern, einen Vertrag mit dir selbst abzuschließen. Denn meistens bleibt es bei guten Vorsätzen und wir verfallen schnell wieder in den gewohnten Trott. Deshalb empfehle ich dir, die nächste Seite zu kopieren, auszufüllen und dort zu platzieren, wo du täglich vorbeikommst, damit die Umsetzung gelingt. Alternativ kannst du diesen Vertrag downloaden unter www.melanie-ebert.de/Buch. Der Code lautet: Leadership-Dogs. Betrachte und beachte diesen Vertrag so, als wäre es ein Vertrag mit deinem Kunden. Den hältst du auch ein! Verlasse die Komfortzone, tritt aus den Fußspuren der anderen und hinterlasse deine eigenen Pfotenabdrücke!

In diesem Sinne, wünsche ich dir, dass unser Team dir einige Anregungen für deinen Führungsalltag geben konnte und du dein Leben mit Spaß und Freude lebst.

Vertrag mit mir selbst

Ich, ………………………………,

verpflichte mich hiermit, künftig alles zu tun, den WAU-Effekt zu (er-)leben.

Ab jetzt werde ich mich anerkennen und die Selbstführung übernehmen.

Wenn es mal nicht so läuft und ich zu zweifeln beginne, stehe ich mir selbst zur Seite und werde mir mein bester Freund sein.

Ich werde loslassen, was mir nicht guttut, und die Dinge in meinem Leben kultivieren, die mir Freude bereiten.

Folgende Gewohnheiten werde ich in meinem Leben integrieren:

……………………………………………………………………………………

……………………………………………………………………………………

Folgendes verspreche ich mir selbst:

……………………………………………………………………………………

……………………………………………………………………………………

Meine Vision und die Ziele dorthin werde ich verfolgen:

……………………………………………………………………………………

……………………………………………………………………………………

……………………………………   ……………………………

Ort, Datum   Unterschrift